# 水利工程

祁丽霞◎著

## 施工组织与管理实务研究

SHUILI GONGCHENG

SHIGONG ZUZHI YU GUANLI SHIWU YANJIU

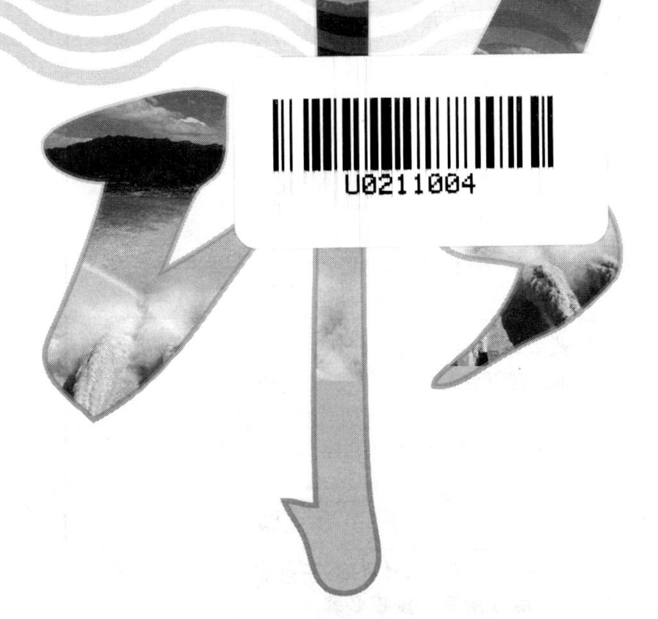

中国水利水电出版社
www.waterpub.com.cn

## 内 容 提 要

本书从水利工程施工组织与管理方面较全面地阐述了常见的水利工程项目施工组织与管理的原则、方法和要求。全书共分八章，包括施工组织与管理研究概述、水利工程施工组织设计研究、水利工程施工项目质量管理研究、成本管理研究、进度管理研究、安全与环境管理研究、合同管理研究和招标与投标研究。本书最大的特色是编写过程中全部采用新规范、新标准，广泛吸纳新技术，重视理论知识和实践应用相结合，力求体现水利工程施工组织与管理的先进经验和技术手段。

图书在版编目（CIP）数据

水利工程施工组织与管理实务研究 / 祁丽霞著. -- 北京 : 中国水利水电出版社, 2014.8（2022.9重印）
ISBN 978-7-5170-2352-4

Ⅰ. ①水… Ⅱ. ①祁… Ⅲ. ①水利工程－工程施工－施工组织－研究②水利工程－工程施工－施工管理－研究 Ⅳ. ①TV5

中国版本图书馆CIP数据核字(2014)第188563号

策划编辑:杨庆川　责任编辑:周益丹　封面设计:马静静

| | |
|---|---|
| 书　　名 | 水利工程施工组织与管理实务研究 |
| 作　　者 | 著　者　祁丽霞 |
| 出版发行 | 中国水利水电出版社<br>(北京市海淀区玉渊潭南路1号D座 100038)<br>网址:www.waterpub.com.cn<br>E-mail:mchannel@263.net(万水)<br>sales@mwr.gov.cn<br>电话:(010)68545888(营销中心)、82562819(万水) |
| 经　　售 | 北京科水图书销售有限公司<br>电话:(010)63202643、68545874<br>全国各地新华书店和相关出版物销售网点 |
| 排　　版 | 北京鑫海胜蓝数码科技有限公司 |
| 印　　刷 | 天津光之彩印刷有限公司 |
| 规　　格 | 170mm×240mm　16开本　13.75印张　178千字 |
| 版　　次 | 2015年1月第1版　2022年9月第2次印刷 |
| 印　　数 | 3001-4001册 |
| 定　　价 | 42.00元 |

# 前　言

在我国教育部出台《面向21实际教育振兴行动计划》《关于加强高职高专人才培养工作意见》等文件之后，社会和各大高校都引发了一股学习专业知识技能的热潮，水利工程的施工组织与管理也是职业技术中重要的一门学科。

本着给水利工程专业以及想要了解水利工程专业的学生和大众提供相关的专业知识，推动国家相关文件精神的更广泛传播，间接促进我国水利工程的组织与管理向着更加专业化的道路发展的宗旨，作者撰写了本书。

本书的内容一共分为三部分：第一部分为第一、二章，对水利工程施工项目的组织与管理进行了阐述，分析了施工组织和管理的概念、目标、作用以及管理模式，并对施工组织设计的方案、总体布置、进度计划进行了详细的探究；第二部分是第三章到第七章，分别从质量、成本、进度、安全与环境、合同这五个方面研究了水利工程施工项目的管理方式和具体措施，具体内容包括水利工程施工项目质量管理的体系研究及事故处理方法研究、成本控制的方法研究及降低成本的措施研究、进度控制的方法研究及进度拖延的原因分析和解决办法研究、FIDIC合同条件研究及合同的具体实施研究、安全与环境管理的体系研究等；第三部分为第八章，简要对水利工程项目的招标和投标过程以及技巧进行了分析。

本书在撰写过程中体现出了以下特点。

首先，本书具有实用性。本书在研究水利工程项目组织与管理的过程中,对目前我国水利工程项目施工过程中可能出现的若干问题都进行了分析,并找出了相应的解决措施,这为水利工程施工项目的实际工作提供了指导。同时,本书中穿插的一些实例也便于读者更好地理解相关内容。

其次,本书具有针对性。本书主要针对相关专业的从业人员和学生,旨在为他们提供技术和理论上的指导。

最后,本书具有完整性。本书从水利工程施工项目的各个角度进行分析,综合考虑了多种因素,从水利工程施工项目的各方面内容以及各项作业流程入手,对组织与管理进行了详尽的研究。

在本书撰写过程中,作者借鉴了多位专家及学者的相关著作、文献资料,在此,作者首先要对这些资料的作者表示诚挚的感谢。当然,由于作者水平有限,加上时间仓促,在撰写过程中难免存在不足之处,还请各位读者批评指正。

作者

2014 年 5 月

# 目　　录

# 第一章　施工组织与管理研究概述

在国家的基本建设之中，水利水电工程建设占据了其中的一个重要部分。一般来说，水利水电工程的建设规模都十分庞大，会涉及到众多的专业，并且所遇到的地形、地质、气候等条件也极为复杂，这就造成水利水电工程的施工难度大、施工周期长的特点。想要成功完成水利水电工程建设，就必须要对施工组织进行科学系统的管理。

## 第一节　施工组织与管理的含义和任务研究

施工组织与管理的主要任务是对施工人员、机械、材料、方法及各个环节之间进行协调，这样就可以在很大程度上保证工程按照原来的计划有序地完成。这对于提高工程质量、合理安排工期、降低工程成本、保证施工安全和施工环境等方面都具有重要的意义。

### 一、施工组织的含义

#### （一）组织的含义

组织指的是，为了达到特定的目标，而在分工合作的基础上所构成的人的集合。

组织虽然是人的集合，但却不能将其看作是个人简单的、毫无关联的加总，而是人们为了实现一定的目的，有意识地协同劳动而产生的群体。对组织的具体含义，我们可以从以下几个方面来理解。

(1)组织必须有特定目标。

(2)组织是一个人为的系统。

(3)组织必须有分工与协作。

(4)组织必须有不同层次的权利与责任制度。

在对组织的研究中，其经常被看作是能够反映出一些职位和一些个人之间的关系的网络式结构。我们也可以从动态和静态两个方面对组织的含义进行理解。静态方面，是指组织结构，即反映人、职位、任务以及它们之间的特定关系的网络；动态方面，是指维持与变革组织结构。以完成组织目标的过程。因此，组织被作为管理的一种基本职能。

### (二)施工组织与管理的含义

专门针对水利水电工程建设项目中的施工组织与管理来说，可以从狭义和广义两个方面来对其进行理解。

#### 1. 狭义方面

狭义的施工组织指的是，由业主委托或指定的负责水利工程施工的承包商的施工项目管理组织。该组织以项目经理部为核心，以施工项目为对象，进行质量、进度、成本、合同、安全等管理工作。

本书中的施工组织与管理，主要就是从狭义方面来对施工组织与管理进行理解的。

#### 2. 广义方面

广义的施工组织与管理指的是，在整个水利施工项目中从事各种项目管理工作的人员、单位、部门组合起来的管理群体。

由于工程项目参与者（投资者、业主、设计单位、承包商、咨询或监理单位、工程分包商等）很多，参与各方都将自己的工作任务称为施工项目，都有自己相应的施工管理组织，如业主的项目经理部、项目管理公司的项目经理部、承包商的项目经理部、设计项目经理部等。其间有各种联系，有各种管理工作、责任和任务的划分，形成该水利施工项目总体的管理组织系统。

## 二、施工组织与管理的研究对象

在对于施工组织与管理的研究中，其主要的研究对象是建筑安装工程的实施过程。

建筑工程施工的复杂性和一次性主要是由建筑产品的特点来最终决定的。建筑施工涉及面广，除工程力学、工程地质、建筑结构、建筑材料、工程测量、机械设备、施工技术等学科专业知识外，还涉及与工程勘测、设计、消防、环境保护等各部门的协调配合。另外，不同的工程，由于所处地区不同、季节不同、施工现场条件不同，它们的施工准备工作、施工工艺和施工方法也不相同。针对每个独特的工程项目，通过施工组织可以找到最合理的施工方法和组织方法，并通过施工过程中的科学管理确保工程项目顺利地实施。

## 三、施工组织与管理的任务

施工组织与管理的任务并不是固定不变的，其会依据水利施工项目的不同，按照业主和承包商签定的施工合同中的要求和任务，通过对项目经理部人员的组织与管理，确定各种管理程序和组织实施方案，以便达到完成施工任务，获得合理利润的目的。其具体所涉及的任务如表 1-1 所示。

表 1-1　施工组织与管理的任务

| | 施工组织与管理的任务 | 任务实现效果 |
|---|---|---|
| 1 | 研究施工合同，确定施工任务 | 确定工程项目的总体施工组织与设计，包括施工总体布置、施工总进度计划、施工设备和施工人员的安排 |
| 2 | 分析施工条件 | 确定不同施工阶段的施工方案、施工程序、施工组织安排 |
| 3 | 合理安排施工进度，组织现场的施工生产 | 保证工程建设可以按预期完成 |
| 4 | 解决施工的技术问题 | 确保按照施工图纸要求完成各项施工任务 |
| 5 | 解决施工中的质量问题 | 确保工程质量达到合同及国家规范要求 |
| 6 | 合理地控制施工成本，完成工程的各项结算管理 | 保证项目经理部可以获得一定的利润 |
| 7 | 解决施工中的职业健康、安全问题，制定并落实各项管理措施 | 保证施工人员的安全问题，减少意外情况的产生 |
| 8 | 解决施工的环境保护问题 | 使项目施工达到环境部门的要求 |
| 9 | 解决协调同业主、监理工程师、设计单位、施工当地各部门以及项目经理内部的信息沟通、协调等问题 | 减少各部门之间意见的分歧，降低施工的阻碍 |
| 10 | 完成工程的各项阶段验收和竣工验收等工作 | 做好竣工资料的整理工作 |

## 第二节　施工组织与管理的作用与基本原则研究

施工组织与管理对整个水利水电工程建设都具有十分重要的作用，并且在施工的过程中还要遵循一定的原则，以此保证工程的建设可以达到各方面对质量的要求。

水利水电工程建设规模大、涉及专业多、牵涉范围广，经常会遇到不利的地质、地形条件，施工条件往往比其他工程艰难复杂。因此，施工组织与管理工作就显得更为重要。

总结过去水利水电工程施工的经验，在施工组织与管理方面，其需要遵循的原则主要有以下几个方面。

(1)坚持科学管理原则。

(2)坚持按基本建设程序办事原则。

(3) 全面贯彻多、快、好、省的施工原则。在工程建设中应该根据需要和可能，尽快地完成优质、高产、低消耗的工程，任何片面强调某一个方面而忽视另一个方面的做法都是错误的，都会造成不良的后果。

(4) 按系统工程的原则合理组织工程施工。

(5)一切从实际出发原则。遵从施工的科学规律，要做好人力物力的综合平衡，保证连续、有节奏地施工。

## 第三节 施工组织与管理的模式研究

工程项目组织是为完成特定的任务而建立起来的，从事工程项目具体工作的组织。该组织是在工程项目生命周期内临时组建的，是暂时的，当项目目标实现后，项目组织解散。

### 一、项目组织的职能

项目组织的职能是项目管理的基本职能，项目组织的职能包括计划职能、指挥职能、组织职能、控制职能、协调职能等几个方面。

#### (一)计划职能

计划职能是指为了实现项目的目标，对所要做的工作进行安排，并对资源进行配置。

### (二)组织职能

组织职能是指为实现项目的目标,建立必要的权力机构、组织层次,进行职能划分,并规划职责范围和协作关系。

### (三)指挥职能

指挥职能是指项目组织的上级对下级的领导、监督和激励。

### (四)控制职能

控制职能是指采取一定的方法、手段使组织活动按照项目的目标和要求进行。

### (五)协调职能

协调职能是指为了实现项目目标,项目组织中各层次、各职能部门团结协作,步调一致地共同实现项目目标。

## 二、项目组织的形式

项目组织的组织形式主要有三种基本类型,如图 1-1 所示。

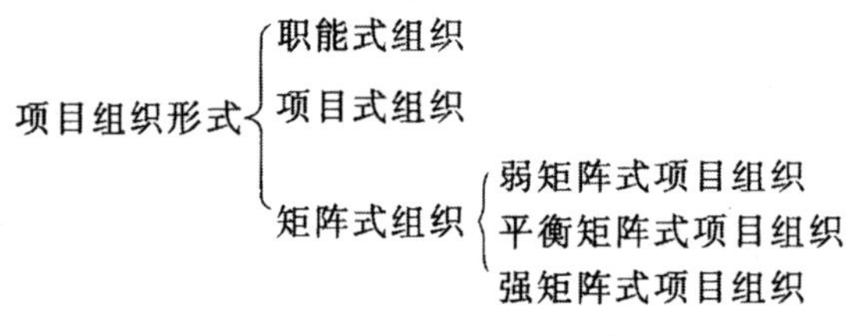


图 1-1　项目组织形式

### (一)职能式组织

职能式组织指的是,在同一个组织单位里,把具有相同职业特点的专业人员组织在一起,为项目服务,如图 1-2 所示。

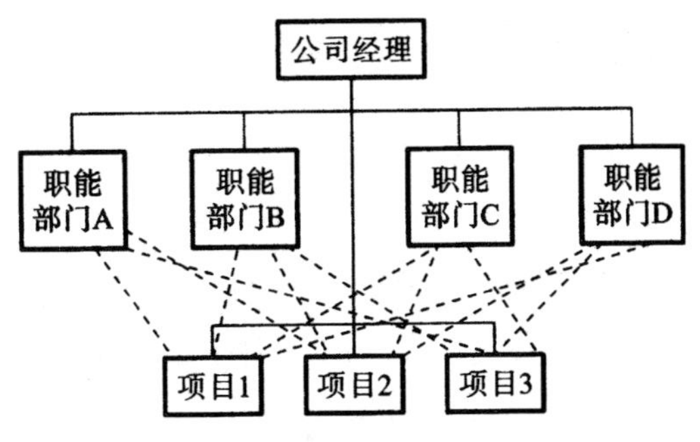


图 1-2 职能式项目组织结构图

1. 职能式组织的特点

职能式组织最突出的特点是专业分工强，其工作的注意力集中于本部门。

职能部门的技术人员的作用可以得到充分的发挥，同一部门的技术人员易于交流知识和经验，使得项目获得部门内所有知识和技术的支持，对创造性地解决项目的技术问题很有帮助；技术人员可以同时服务于多个项目；职能部门为保持项目的连续性发挥了重要作用。

2. 职能式组织的不足

职能部门工作的注意力主要集中在本部门的利益上，项目的利益往往得不到优先考虑；项目团体中的职能部门往往只关心本部门的利益而忽略了项目的总目标，造成部门之间协调困难。

3. 职能式组织的适用范围

职能式组织经常用于企业为某些专门问题，如开发新产品、设计公司信息系统、进行技术革新等。可以认为这是寄生于企业中的项目组织，对各参加部门，项目领导仅作为一个联络小组的领导，从事收集、处理和传递信息，而与项目相关的决策主要由企业领导作出，所以项目经理对项目目标不承担责任。

### （二）项目式组织

项目式组织又叫做直线式组织，在项目组织中，所有人员都按项目要求划分，由项目经理管理一个特定的项目团体，在没有项目职能部门经理参与的情况下，项目经理可以全面地控制项目，并对项目目标负责，其机构形式如图 1-3 所示。

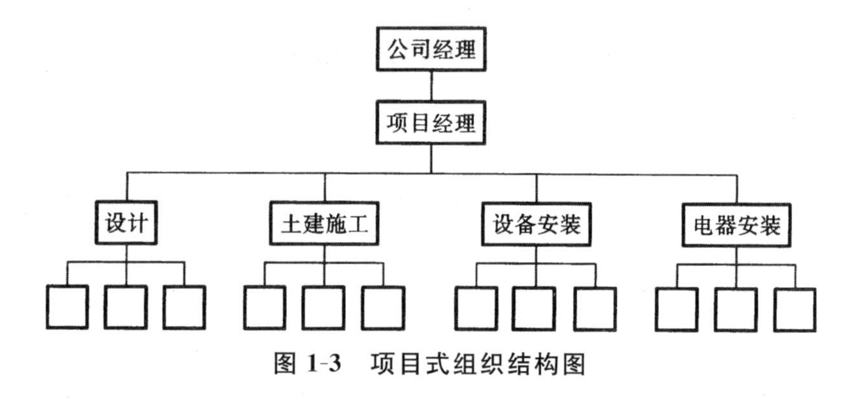


图 1-3　项目式组织结构图

1. 项目式组织的特点

项目式组织的项目经理对项目全权负责，享有最大限度的自主权，可以调配整个项目组织内外资源；项目目标单一，决策迅速，能够对用户的需求或上级的意图做出最快的响应；项目式组织结构简单，易于操作，在进度、质量、成本等方面控制也较为灵活。

2. 项目式组织的不足

项目式组织对项目经理的要求较高，需要具备各方面知识和技术的全能式人物；由于项目各阶段的工作中心不同，会使项目团队各个成员的工作闲忙不一，一方面影响了组织成员的积极性，另一方面也造成了人才的浪费；项目组织中各部门之间有比较明确的界限，不利于各部门的沟通。

3. 项目式组织的适用范围

项目式组织常用于中小型项目，也常见于一些涉外及大型项目的公司，如建筑业项目，这类项目成本高，时间跨度大，项目组织成员长时间合作，沟通容易，而且项目组成员具备较高的知识结构。

(三)矩阵式组织

矩阵式组织可以克服上述两种形式的不足，它基本是职能式和项目式组织重叠而成，如图 1-4 所示。

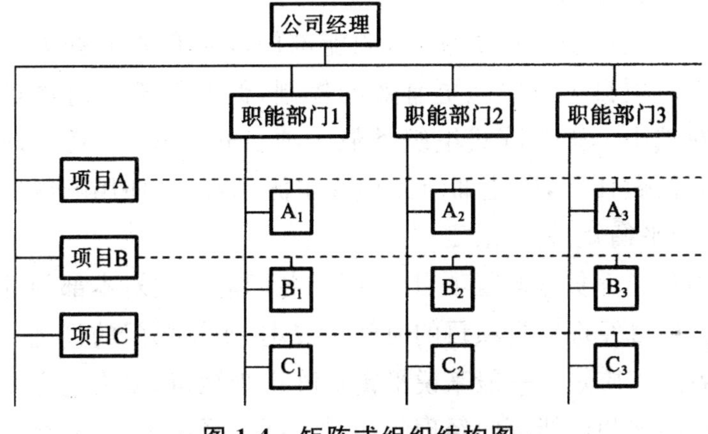


图 1-4　矩阵式组织结构图

1. 矩阵式组织的特点

矩阵式组织建立与公司保持一致的规章制度；可以平衡组织中的资源需求，以保证各个项目完成各自的进度、费用和质量要求，减少人员的冗余，职能部门的作用得到充分发挥。

2. 矩阵式组织的不足

但组织中的每个成员接受来自两个部门的领导，当两个领导的指令有分歧时，常会令人左右为难，无所适从；权利的均衡导致没有明确的负责者，使工作受到影响；项目经理与职能部门经理的职责不同，项目经理必须与部门经理进行资源、技术、进度、费用等方面的协调和权衡。

3. 矩阵式组织的适用范围

矩阵式组织常用于大型综合项目中，或有多个项目同时开展的企业。

4. 矩阵式组织的分类

根据矩阵式组织中项目经理和职能部门经理权责的大小，矩阵式组织可分为强矩阵式、平衡矩阵式和弱矩阵式。

（1）强矩阵式组织

项目经理主要负责项目，职能部门经理负责分配人员。项目经理对项目可以实施更有效的控制，但职能部门对项目的影响却在减小。强矩阵式组织类似于项目式组织，项目经理决定什么时候做什么，职能部门经理决定派哪些人，使用哪些技术。

（2）平衡矩阵式组织

项目经理负责监督项目的执行，各职能部门对本部门的工作负责。项目经理负责项目的时间和成本，职能部门的经理负责项目的界定和质量。一般来说平衡矩阵很难维持，因为它主要取决于项目经理和职能部门经理的相对力度。平衡不好，要么变成弱矩阵，要么变成强矩阵。矩阵式组织中，许多员工同时属于两个部门——职能部门和项目部门，要同时对两个部门负责。

（3）弱矩阵式组织

由一个项目经理来协调项目中的各项工作，项目成员在各职能部门经理的领导下为项目服务，项目经理无权分配职能部门的资源。

## 三、工程项目管理方式

在工程项目建设的实践中应用的工程项目管理方式有多种

类型。每一种方式都有不同的优势和相应的局限性，适应不同种类工程项目。业主可根据其工程项目的特点选择合适的工程项目管理方式。目前，在各国工程项目建设中广泛使用的工程项目管理方式，既包括历史悠久的传统方式，也有新发展起来的工程项目管理方式，包括建筑工程管理方式、设计—建造方式以及 BOT 方式等。

### (一)传统方式

传统方式又称设计招标—建造方式。采用这种方法时，业主与设计机构(建筑师)签定专业服务合同，设计机构(建筑师)负责提供合同的设计和施工文件，在设计机构(建筑师)协助下，通过竞争性招标将工程施工的任务交给报价最低且最具资质的投标人(总承包商)来完成。如图 1-5 所示。

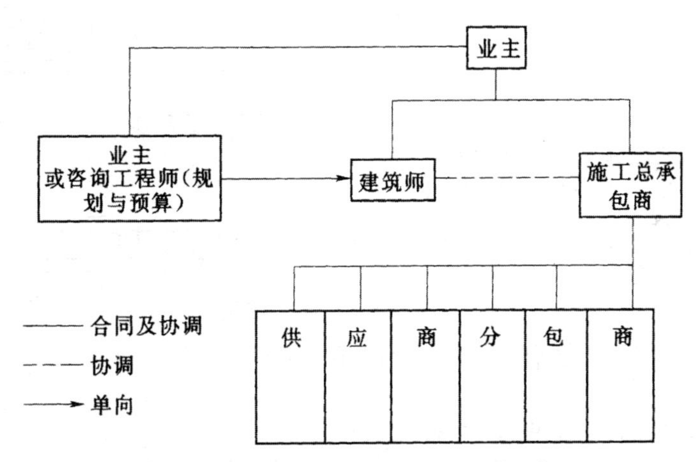


图 1-5　传统的工程项目管理模式

传统方式最显著的特点是，工程项目的实施只能按顺序方式进行，即只有一个阶段结束后另一个阶段才能开始，传统方式的工程项目建设程序清晰明了。传统方式是历史悠久，并得到广泛认同的工程项目管理方式。

### (二)BOT 方式

BOT(Build-Operate-Transfer)即建造—运营—移交方式,其典型结构框架如图 1-6 所示。它是指东道国政府开放本国基础设施建设和运营市场,吸收国外资金,授权项目公司特许权,由该公司负责融资和组织建设,建成后负责运营及偿还贷款,在特许期满将工程移交东道国政府。

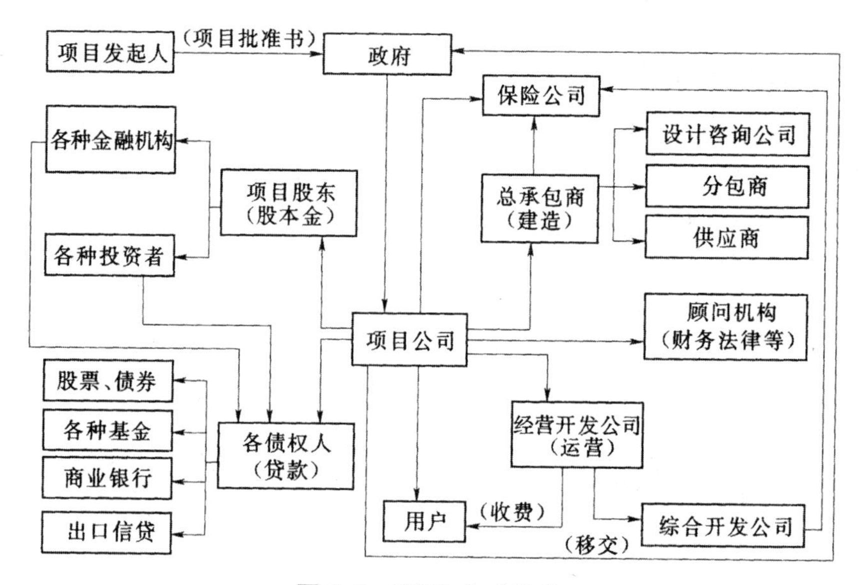


图 1-6　BOT 方式结构

BOT 方式运作需要进行以下五个步骤。

#### 1. 项目的提出与招标

拟采用 BOT 方式建设的基础设施项目一般均由当地政府提出,大型项目则由中央政府部门提出,往往委托一家咨询公司对项目进行初步的可行性研究,随后,颁布特许意向,准备招标文件,公开招标。

#### 2. 项目发起人组织投标

发起人往往是强有力的咨询顾问公司与财团或是大型的工

程公司，他们申请资格预审，并在通过资格预审以后购买招标文件进行投标。BOT 项目的投标显然要比一般工程项目的投标复杂得多，需要对 BOT 项目进行深入的技术和财务的可行性分析，才有可能向政府提出有关实施方案以及特许年限要求等。同时还要与金融机构接洽，使自己的实施方案，特别是融资方案得到金融机构的认可，才可正式提交投标书。这个过程中，项目发起人常常要聘用各种专业机构（包括法律、金融、财务等）协助编制投标文件。

3. 成立项目公司、签署各种合同与协议

中标的项目发起人往往就是项目公司的组织者。项目公司参与各方一般包括项目发起人、大型承包商、设备材料供应商、东道国国有企业。在国外有时当地政府也入股，此外，还有一些不直接参与项目公司经营管理的独立股东，如保险公司、金融机构等。

项目公司签定的主要协议有股东协议、与政府谈判签定的特许协议和与金融机构签署的融资协议。另外，与各个参与方签定总承包合同、运输保养合同、保险合同、工程进度合同和各类专业咨询合同（如法律等），有时需要独立签定设备订货合同。

4. 项目建设和运营

这一阶段项目公司主要任务是委托咨询监理公司对总承包商的工作进行监理，保证项目的顺利实施和资金支付。有的工程可以完成一部分之后即开始运营，以早日回收资金。同时，还要组织综合性开发建设公司进行综合项目开发服务，以便多方面盈利。

5. 项目移交

在特许期满之前，应做好必要的维护以及资产评估等工作，以便随时将 BOT 项目移交政府运行。政府可以仍旧聘用原有运营公司来运行项目。

### (三)CM 管理方式

CM(Construction Management Approach,简称 CM)管理方式是针对传统方式的不足而产生的,采用 CM 管理方式,其核心就是从项目开始阶段就雇佣具有施工经验的 CM 经理参与到项目过程中来,一边向设计专业人员提供施工方面的建议并随后负责施工过程。

#### 1. CM 管理方式

CM 管理方式主要有两种,如图 1-7 所示。

第一种成为代理型建筑工程管理方式。这是一种较为传统的形式,或称为纯粹的 CM 管理方式。采用这种形式时,CM 经理是业主的咨询人员或代理,提供 CM 服务,主要不足之处是 CM 经理对进度和成本控制不作出保证。

第二种形式称为风险型建筑工程管理方式,实际上是纯粹的 CM 方式与传统方式的结合。采用这种形式,CM 经理同时担任施工总承包的角色,这种方式在英国称为管理承包。

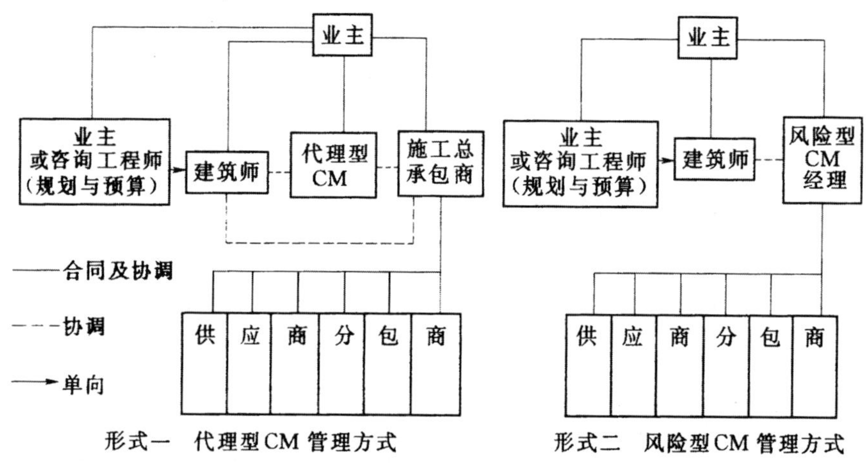


图 1-7 CM 管理模式的两种实现形式法

2.CM 管理方式的适用范围

CM 管理方式的适用范围有：设计可能经常变更的项目；项目工期比较紧，而不能等待编制出完整的招标文件（阶段性施工）；由于工作范围和规模不确定而无法准确定价的项目。

CM 方式的使用代表工程项目管理方式中的一种新概念的出现。在传统方式中，项目实施过程涉及的各方关系通常依靠合同来调解，可称之为合同方式，而在采用建筑工程管理方式时，业主在建筑初期就选择了建筑师、CM 经理及承包商。各方面以务实合作的态度组成项目组，共同完成项目的预算及成本控制、进度安排及项目的设计。

### （四）设计—管理方式

设计—管理方式是一种类似 CM 方式，但更为复杂的是，由同一实体向业主提供设计和施工管理服务的工程管理方式。在通常的 CM 方式中，业主分别就设计和专业施工过程签定合同。采用设计—管理合同时，业主只签定一份既包括设计也包括 CM 服务在内的管理服务合同。在这种情况下，设计师与 CM 经理是同一实体。这一实体常常是设计机构与施工管理企业的联合体。

采用设计—管理时，由多个与业主或设计—管理公司签定合同的独立承包商负责具体工程施工。设计管理人员则负责施工过程的规划、管理与控制。其通常会采用阶段施工法。

### （五）设计—建造方式

设计—建造方式是一种简练的工程管理方式，如图 1-8 所示。在项目原则明确以后，业主只需选定唯一的实体负责项目的设计与施工。近年来，设计—建造方式在建筑业的应用越来越广泛，原因主要是设计—建造方式便于采用阶段施工法。

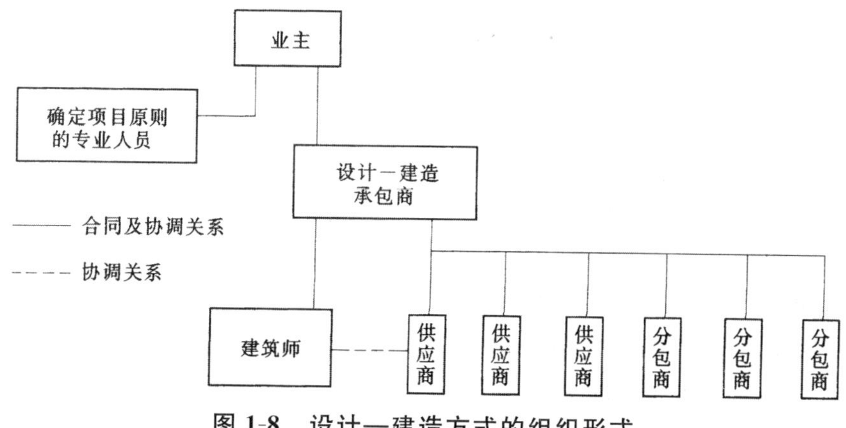


图 1-8　设计—建造方式的组织形式

设计—建造方式的基本特点是在项目实施过程中保持单一的合同责任。选定设计—建造承包商的过程比较复杂。如果是政府投资项目，业主必须采用竞争性招标的方式选择承包商。为了确保承包商的质量，还可确定正式的资格预审原则。

社会生活中，人们经常会提到的“交钥匙”方式，实际上就是一种特殊的设计—建造方式，即承包商为业主提供包括项目融资、土地购买、设计与施工直至竣工移交的全套服务。

## 第四节　水利工程施工程序研究

工程建设施工程序是指，建设项目从决策、设计、施工到竣工验收整个工作进行过程中各阶段及其工作所必须遵循的先后次序与步骤。它所反映的是在基本建设过程中各有关部门之间一环扣一环的紧密联系和工作中相互协调、相互配合的工作关系。它是工程建设活动客观规律（包括自然规律和经济规律）的反映，也是人们在长期工程建设实践过程中的技术和管理活动经验的理性总结。科学的建设程序在坚持“先勘察、后设计、再施工”的原则基础上，突出优化决策、竞争择优、科学管理的原则。

## 一、水利工程的施工准备工作

### (一)水利水电工程施工需要满足的条件

水利水电工程项目在主体工程开工之前，必须完成各项施工准备工作，其主要内容包括：施工现场的征地、拆迁；完成施工用水、电、通信、路和场地平整等工程；必须的生产、生活临时建筑工程；组织招标设计、咨询、设备和物资采购；组织建设监理和主体工程施工招标，并择优选定建设监理单位和施工承包队伍。

水利水电工程项目的施工顺利进行，需要满足的条件有：项目法人已经建立；初步设计已经批准；有关土地使用权已经批准；已办理报建手续；项目已列入国家或地方水利水电建设投资计划，筹资方案已经确定。

### (二)调查研究与搜集资料

调查研究、收集有关施工资料，是施工准备工作的重要内容之一，必须重视基本资料的收集整理和分析研究工作。

1. 社会经济概况资料

应向当地政府机关、有关部门了解当地经济状况及其发展规划。该项调查包括工程建设地点、现有交通条件、当地国民经济发展对交通运输提出的要求，交通地理位置图；当地工农业发展状况和规划；燃料、动力供应条件；施工占地条件；当地生活物资、建筑材料供应条件；为工程施工提供社会服务、加工制造、修配、运输的可能性；可能提供的劳动力条件；国民经济各部门对施工期间防洪、灌溉、航运、供水、放水等要求；国家、地方各部门对基本建设的有关规定、条例、法令等。

### 2. 水文和气象资料

多年实测各月最大流量;坝址分月不同频率最大流量,相应枯水时段不同频率的流量,施工洪水过程线;水工建筑物布置地点的水位流量关系曲线;沿岸主要施工设施布置地点的河道特性和水位、流量资料;施工区附近支流、山沟、湖塘等水位、水量等资料;历年各月各级流量过水次数分析;年降水量、最大降水量、降水强度、可能最大暴雨强度、降雨历时等,降雪和积雪厚度;各种气温、水温、地温的特性资料;风速、最大风速、风向玫瑰图。

### 3. 技术资料的准备

技术准备是施工准备的核心。由于任何技术的差错或隐患都可能引起人身安全和质量事故,造成生命、财产和经济的巨大损失。因此必须认真地做好技术准备工作。

(1)工程施工组织设计资料

施工方法,主体工程、导流、机电安装等单项工程施工方案、施工进度、施工强度;设备、材料、劳动力数量;施工布置及对风、水、电和场内交通运输的要求;施工导流,截流和各期导流工程布置图,导流建筑物平剖面图、工程量,导流程序、相应时段不同频率的上下游水位,不同时段货物过坝分类数量;对外交通,对外运输方案、运输能力,对外交通工程量,修建所需设备、材料、动力燃料等,运输设备和人员数量;辅助企业,各生产系统规模容量、建筑面积、占地面积;风、水、电、供热、通信管线布置,施工设施建安工程量,施工设施设备数量,燃料、材料数量。

(2)工程规划、水工和机电设计资料

水库正常高水位、校核洪水位、库容水位关系曲线;枢纽总布置图、各单项工程布置图、剖面图、分类分部工程量;机组机型、台数,重大部件尺寸、重量,枢机电和金属结构安装工程量,纽运用、蓄水发电等要求。

### （三）资源准备

材料、构（配）件、半成品、机械设备是保证施工顺利进行的物资基础，这些物资的准备工作必须在工程开工之前完成。根据各种物资的需要量计划，分别落实货源，安排运输和储备，使其满足连续施工的要求。物资准备工作主要包括建筑材料的准备；构（配）件和半成品的加工准备；建筑安装施工机械的准备。

1. 建筑材料的准备

对选定的枢纽布置和施工方案，按各主体工程和辅助工程，分别计算列出所需钢材、钢筋、木材、水泥、油料、炸药等主要建筑材料总量及分年度供应计划。

2. 建筑安装施工机械的准备

根据各主体工程、辅助工程的施工方法、施工进度计划，计算提出施工所需主要的及特殊专用的施工机械设备，按名称、规格、数量列表汇总，并提出分年度供应计划。

3. 构（配）件、半成品的加工准备

根据施工预算提供的构（配）件、制品的名称、规格、质量和消耗量，确定加工方案和供应渠道以及进场后的储存地点和方式，编制出其需要量计划，为组织运输、确定堆场面积等提供依据。

### （四）施工现场准备

施工现场的准备工作，主要是为了给拟建工程的施工创造有利的施工条件和物资保证。其具体内容如下。

1. 搞好“四通一平”工作

“四通一平”指的是水通、电通、路通、通信通和平整场地。

(1)水通

水是施工现场的生产和生活不可缺少的。拟建工程开工之前,必须按照施工总平面图的要求,接通施工用水和生活用水的管线,使其尽可能与永久性的给水系统结合起来,做好地面排水系统,为施工创造良好的环境。

(2)电通

电是施工现场的主要动力来源。拟建工程开工前,要按照施工组织设计的要求,接通电力和电信设施,做好其他能源(如蒸汽、压缩空气)的供应,确保施工现场动力设备和通信设备的正常运行。

(3)路通

施工现场的道路是组织物资运输的动脉。拟建工程开工前,必须按照施工总平面图的要求,修好施工现场的永久性道路以及必要的临时性道路,形成完整畅通的运输网络,为材料设备进场、堆放创造有利条件。

(4)通信通

拟建工程开工前,必须形成完整畅通的通信网络,为施工人员进场提供有利条件。

(5)平整场地

按照设计总平面图的要求,首先拆除场地上妨碍施工的建筑物或构筑物,然后根据施工总平面图的规定进行平整场地。

### 2. 做好施工场地的控制网测量

按照设计单位提供的建筑总平面图及给定的永久性坐标控制网和水准控制基桩,进行施工区施工测量,设置施工区的永久性坐标桩,水准基桩和建立施工区工程测量控制网。

### 3. 建造临时建筑物和设施

按照施工总平面图的布置,建造临时建筑物和设施,为正式开工准备好生产、办公、生活、居住和储存等临时用房。

### (五)开工条件及开工报告

施工准备工作是根据施工条件、工程规模、技术复杂程度来制定的。对一般工程项目必须具备相应的条件才能开工。随着社会主义市场经济体制的建立,建设项目法人责任制的推行,水利水电工程主体工程开工前必须具备以下条件。

(1)建设项目已列入国家或地方水利建设投资年度计划,年度建设资金已落实。

(2)前期工程各阶段文件已按规定批准,施工详图设计可以满足初期主体工程施工需要。

(3)现场施工准备和征地移民等建设外部条件能够满足主体工程开工需要。

(4)主体工程招标已经决标,工程承包合同已经签定,并得到主管部门同意。

(5)项目建设所需全部投资来源已经明确,且投资结构合理。

(6)建设管理模式已经确定,投资主体与项目主体的管理关系已经理顺。

项目法人或其代理机构必须按审批权限,向主管部门提出主体工程开工申请报告,经批准后,主体工程方能正式开工。

## 二、水利工程施工程序

根据我国基本建设实践,水利水电工程施工程序归纳起来可以分为四大阶段八个环节,如图 1-9 所示。

### (一)第一阶段

第一阶段是建设项目决策阶段,在该阶段的任务主要有两个:一个是要根据资源条件和国民经济长远发展规划进行流域或河段规划,提出项目建议书;另一个是进行可行性研究和项目评估,编制可行性研究报告。

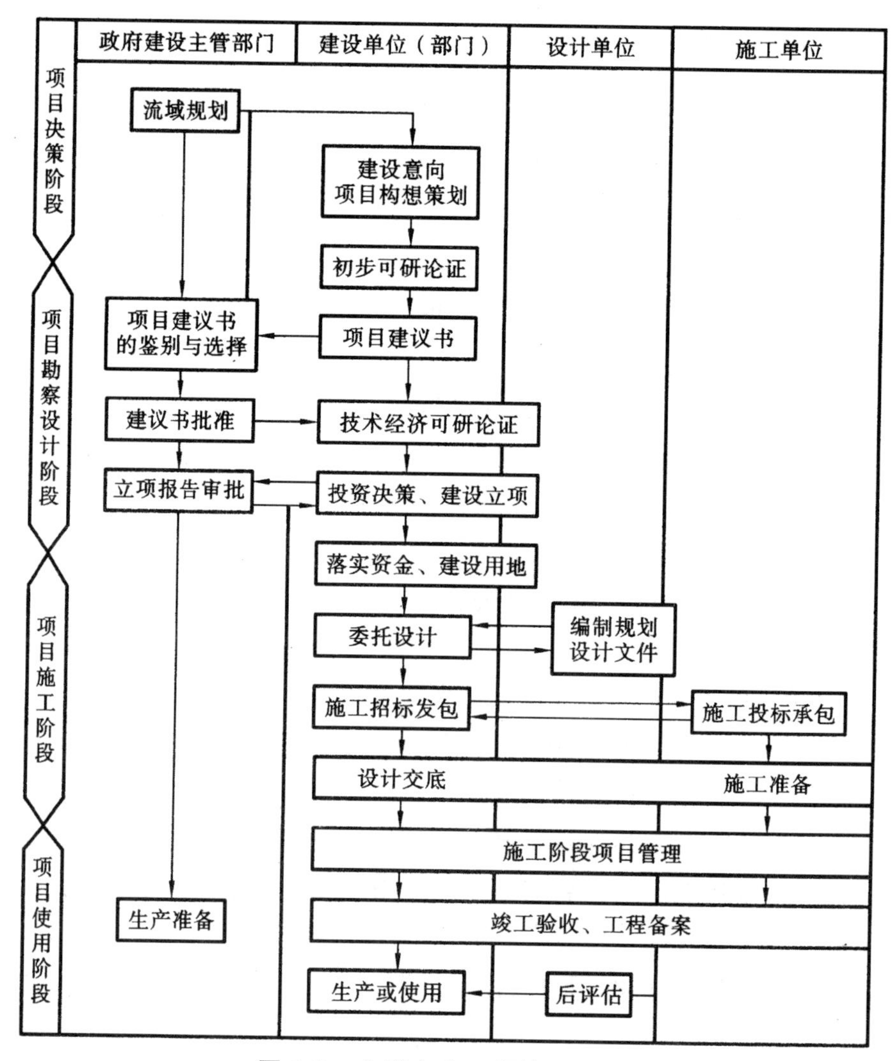


图 1-9 水利水电工程施工程序

## (二)第二阶段

第二阶段是项目勘察设计阶段,对拟建项目在技术和经济上进行全面设计,是工程建设计划的具体化的阶段。这一阶段的成果是组织施工的依据。勘察设计直接关系到工程的投资、工程质量和使用效果,是工程建设的决定性环节。

### （三）第三阶段

第三阶段是项目施工阶段，它包括建设前期施工准备、全面建设施工和生产（投产）准备工作三个主要环节。

### （四）第四阶段

第四阶段的工作是项目竣工验收和交付使用。在生产运行一定时间之后，对建设项目进行评价。

## 三、工程建设步骤

### （一）项目建议书

项目建议书是在流域规划的基础上，由主管部门提出建设项目的轮廓设想，从宏观上衡量、分析项目建设的必要性和可能性，分析建设条件是否具备、是否值得投入资金，以及如何进行可行性研究工作的文件。其编制一般由政府委托有相应资质的设计咨询单位承担，并按国家现行规定权限向主管部门申报审批。

项目建议书是确定建设项目和建设方案的主要文件，是编制设计文件的依据。其所包含的内容主要有：建设规模和建设地点的初步设想、拟建项目的必要性和依据、投资估算和资金筹措的设想、建设布局和建设条件的初步分析，以及项目进度的初步安排和效益估算等。

在项目建议书被上级或是其他有关部门批准之后，就可以开始进行下一步的可行性研究。

### （二）可行性研究

可行性研究是项目能否成立的基础，这个阶段的成果是可行性研究报告。它是运用现代科学技术、经济学和管理工程学等,对项目进行技术经济分析的综合性工作。

(1)建设中要动用多少人力、物力和资金。

(2)建设工期有多长,如何筹集建设资金。

(3)在技术上是否可行,经济效益是否显著,财务上是否能够盈利等。

可行性研究是进行建设项目决策的主要依据。水利水电工程项目的可行性研究是在流域(河段)规划的基础上,组织各方面的专家、学者对拟建项目的建设条件进行全方位、多方面的综合论证比较的过程。例如,三峡工程就是对许多部门和专业,甚至整个流域的生态环境、文物古迹、军事等进行可行性研究后确定的。

可行性研究报告是由项目主管部门委托工程咨询单位或组织专家进行评估,并综合行业归口部门、投资机构、项目法人等方面的意见进行审批而形成的。项目的可行性研究报告批准后,应正式成立项目法人,并按项目法人责任制实行项目管理。

### (三)勘察设计

可行性研究报告批准后,项目法人应择优(一般通过招标)选择有相应资质的设计单位承担工程的勘测设计工作。勘察设计的主要任务如下。

(1)确定工程规模,确定工程总体布置、主要建筑物的结构形式及布置。

(2)选定对外交通方案、施工导流方式、施工总进度和施工总布置、主要建筑物施工方法及主要施工设备、资源需用量及其来源。

(3)确定水库淹没、工程占地的范围,提出水库淹没处理、移民安置规划和投资概算。

(4)确定电站或泵站的机组机型、装机容量和布置。

(5) 编制初步设计概算,复核经济评价。

(6)提出水土保持、环境保护措施设计等。

勘察设计完成后按国家现行规定权限向上级主管部门申报，主管部门组织专家和相关部门进行审查，审查合格后由主管部门审批通过。

### (四)施工准备

施工准备工作开始前，项目法人或其代理机构须依照有关规定向政府主管部门办理报建手续，须同时交验工程建设项目的有关批准文件。工程项目进行项目报建后，方可组织施工准备工作。施工准备阶段的主要内容如下。

(1)施工现场的征地、拆迁，施工用水、电、通信、道路的建设和场地平整等工程。

(2)组织招标设计、咨询、设备和物资采购。

(3) 生产、生活临时建筑工程。

(4)进行技术设计，编制、修正总概算和施工详图设计，编制设计预算。

(5) 组织建设监理和主体工程施工、主要机电设备采购招标，并择优选择建设监理单位、施工承包队伍及机电设备供应商。

### (五)施工

施工阶段以工程项目的施工和安装为工作中心，项目法人按照批准的建设文件组织工程建设，通过项目的施工，在规定的投资、进度和质量要求范围内，按照设计文件的要求实现项目建设目标，将工程项目从蓝图变成工程实体。

项目法人或其代理机构必须按审批权限向主管部门提出主体工程开工申请报告，报告经批准后，主体工程方可正式开工。主体工程开工须具备以下条件。

(1)建设项目已列入国家或地方水利水电工程建设投资年度计划，年度建设资金已落实。

(2) 前期工程各阶段文件已按规定批准，施工详图设计可以满足初期主体工程施工需要。

(3)现场施工准备和征地移民等工程建设条件已经满足工程开工要求。

(4) 主体工程招标已经决标,工程承包合同已经签定,并得到主管部门同意。

(5) 项目建设所需资金来源已经明确,投资结构合理。

(6)建设管理模式已经确定,投资主体与项目主体的管理关系已经理顺。

(7)工程产品的销售已经有用户承诺,并确定了价格。

### (六)生产准备

生产准备是项目投产前所要进行的一项重要工作,是建设阶段转入生产经营的必要条件。项目法人应按照建管结合和项目法人责任制的要求,适时做好有关生产准备工作,其主要内容如下。

(1)生产组织准备,建立生产经营的管理机构及其相应管理制度。

(2)生产技术准备,主要包括技术资料的汇总、运行技术方案的制定、岗位操作规程制定等。

(3)招收和培训人员,按照生产运营的要求,配备生产管理人员,并通过多种形式的培训,提高人员素质,使之能满足运营要求。

(4)生产物资准备,主要落实投产运营所需要的原材料、协作产品、工器具、备品备件和其他协作配合条件。正常的生活福利设施准备。

(5)正常的生活福利设施准备。

### (七)竣工验收

竣工验收是工程完成建设目标的标志,是全面考核基本建设成果、检验设计和工程质量的重要步骤。竣工验收合格的项目即从基本建设转入生产或使用。

在建设项目的建设内容全部完成，并经过单位工程验收，符合设计要求并按水利基本建设项目档案管理的有关规定，完成档案资料的整理工作，完成竣工报告、竣工决算等必备文件的编制后，项目法人按照有关规定向主管部门提出申请，根据国家和部颁验收规程组织验收。竣工决算编制完成后，须由审计机关组织竣工审计，其审计报告作为竣工验收的基本资料。

对于工程规模较大、技术较复杂的建设项目，可先进行初步验收。不合格的工程不予验收，有遗留问题必须有具体处理意见，且有限期处理的明确要求，并落实责任人。

工程验收合格后办理正式移交手续，工程从基本建设阶段转入使用阶段。

### (八)后评价阶段

建设项目竣工投产，一般经过1～2年生产运营后就要对项目进行一次系统的项目后评价。其主要内容如下。

(1)经济效益评价，即对项目投资、国民经济效益、财务效益、技术进步和规模效益、可行性研究深度等方面进行的评价。

(2)过程评价，即对项目立项、设计、施工、建设管理、竣工投产、生产运营等全过程进行的评价。

(3)影响评价，即项目投产后对各方面的影响所进行的评价。

项目后评价工作通常要按照三个层次来组织进行实施，即项目法人的自我评价、项目行业的评价、计划部门(或投资方)的评价。

在项目全部完成时对其进行评价的主要目的是，对工程建设过程中所获得的经验进行总结，找到管理过程中的漏洞和不足之处，并及时吸取教训，从而在以后的工程建设中避免类似错误的出现，提高项目决策水平和投资效果。

# 第二章　水利工程施工组织设计研究

随着水利工程管理系统的完善和发展，施工组织设计也成为了水利工程项目中重要的管理内容。水利工程的施工组织设计包括多方面的内容，当然，要进行施工组织设计，就要进行方案的拟定和总体规划和进度的布置和安排。本章就将从水利工程施工组织设计的内容入手，研究水利工程施工组织设计的方案规划、总进度计划以及总体布置安排。

## 第一节　水利工程施工组织设计概述

施工组织设计是水利工程设计文件中重要的内容之一，给施工项目确定预算、设立招标投标方案提供了重要依据。认真实行水利工程施工组织设计对项目工程的选址、枢纽布置、整体优化方案、提高工作效率、缩短项目工期都具有重要意义。

### 一、施工组织设计的内容

水利工程施工组织设计主要包括以下几部分内容。

#### （一）施工条件的分析

施工组织设计的一项重要内容是对施工项目的条件进行分析，项目工程的施工条件具体包括项目的工程条件、自然条件、物质资源条件以及社会经济条件等等。对施工条件进行分析就是施工单位需要在对上述条件的信息进行彻底的掌握之后，着重分析这些条件可能对施工项目产生的影响以及可能带来的后果。

### （二）施工导流

对施工导流进行管理和设计就是要确定导流的标准，并且对施工分期、导流方案、导流方式、导流建筑物等进行选择和确定。同时，施工导流设计还包括拟定截流、拦洪、排水、过水、供水、蓄水、发电等措施。

### （三）施工交通运输

对施工交通运输的设计主要包括对外交通和场内交通两个部分。对外交通设计是指施工单位就工地与外部公路、铁路车站、水运港口之间的交通问题进行联系；场内交通设计是指施工单位就施工工地内部各个工区、材料供应地、生产部门、办公生活区之间的交通进行联系。施工交通的对外交通保证了施工期间外来物资的运输，场内交通则需要及时和对外交通进行沟通和衔接。

### （四）主体工程施工

主体工程主要包括引水、泄水、挡水、通航等多方面内容。对主体工程施工的设计要以各自的施工条件为基础和依据，详细分析和研究施工程序、方法、强度、布置、进度等内容并进行最终的确定。需要注意的是，主体工程中的关键技术问题，比如特殊的基础处理等，要进行专门的设计和论证，以保证其准确无误。

### （五）施工工厂设施和大型临建工程

施工工厂设施主要包括混凝土的生产系统、开采加工系统，土石料场及其加工系统等等。对施工工厂设施进行设计需要施工单位以施工任务和施工要求为依据，进行工厂设施的位置、规模、容量、生产工艺类别、平面布置、建筑面积等内容的确定，同时提出土建安装进度和分期投产的计划。

大型临建工程主要指施工栈桥、过河桥梁等，对大型临建工程的设计要进行专门的规划，确定其工程量以及进度安排。

### （六）施工总体布置

对施工总体布置的设计需要施工单位在了解水利工程枢纽布置以及主体建筑物的主要特征之后，通过对影响施工的自然条件等因素的分析，最终对工程施工的总体布置进行规划。施工总体布置还要注意协调施工场地同内外部的关系。

### （七）施工总进度

制定施工总进度时，施工单位要首先考虑国民经济的发展需求，积极采取有效措施实现主管部门或业主的要求的任务设置。在确定施工项目总进度时，如果发现工期可能会出现相较计划过长或过短的情况，应该上报合理工期申报批准。

### （八）主要技术供应计划

主要技术供应计划的确定就是根据施工总进度的安排和规划，通过对现有资料和信息的分析，确定主要建筑材料和主要施工机械设备的数量、规格等，并编制总需求量和分年需求量。

## 二、施工组织设计的编制依据

在进行水利工程项目的施工组织设计的过程中，要充分分析当下现状，研究相关资料和文件，借鉴相关实验成果，以促进最合理的组织设计方案的形成。在施工组织设计中，主要依据的内容包括以下几方面。

### (一)批文和法律法规

批文和法律法规主要包括可行性研究报告、审批意见、施工项目组织设计任务书、上级管理部门对工程建设的具体要求或批复等。此外，还包括国民经济各相关部门，包括铁道部门、交通运输部门、旅游部门、环保部门等对工程项目建设的相关规定和要求。而法律法规是指项目工程所在地的建设相关的法律条文、条例、地方政府对工程项目的要求等等。

### (二)项目工程的环境状况

项目工程的环境状况主要包括两部分内容。

#### 1. 工程所在地外部状况

工程所在地外部状况主要是指项目工程所在地的自然条件、施工电源、水源和水质状况、交通条件、环保及旅游状况、航运、灌溉、防洪等措施以及工程所在地近期的发展规划。

#### 2. 工程所在地技术状况及习俗

工程所在地技术状况及习俗主要包括工程所在城镇的修配、加工能力；生产物资和劳动力水平；居民生活水平和住宿习惯等。

### (三)项目工程自身状况

项目工程自身状况主要包括水利工程的建设施工装备、工程项目的管理水平、技术特点、施工导流及通航试验效果。除此之外，项目工程的自身状况还包括工程相关的工艺试验成果、生产试验成果、设计专业相关成果等。

## 第二节　水利工程施工组织设计的方案研究

对水利工程施工项目的施工方案进行组织设计主要是对水利工程主体工程施工的设计，研究主体施工设计是为了更好的为水利工程的枢纽布置和建筑物选择提供依据。并对工程质量和施工安全提供保障。本节将重点研究水利工程施工组织设计在方案确定时需要遵循的原则和规范。

### 一、施工方案、设备及劳动力组合选择原则

在施工工程的组织设计方案研究中，施工方案的确定和设备及劳动力组合的安排和规划是重要的内容。

#### (一)施工方案选择原则

在具体施工项目的方案确定时，需要遵循以下几条原则。

(1)确定施工方案时尽量选择施工总工期时间短、项目工程辅助工程量小、施工附加工程量小、施工成本低的方案。

(2)确定施工方案时尽量选择先后顺序工作之间、土建工程和机电安装之间、各项程序之间互相干扰小、协调均衡的方案。

(3)确定施工方案时要确保施工方案选择的技术先进、可靠。

(4)确定施工方案时着重考虑施工强度和施工资源等因素，保证施工设备、施工材料、劳动力等需求之间处于均衡状态。

#### (二)施工设备及劳动力组合选择原则

在确定劳动力组合的具体安排以及施工设备的选择上，施工单位要尽量遵循以下几条原则。

1. 施工设备选择原则

施工单位在选择和确定施工设备时要注意遵循以下原则。

(1)施工设备尽可能地符合施工场地条件,符合施工设计和要求,并能保证施工项目保质保量的完成。

(2)施工项目工程设备要具备机动、灵活、可调节的性质,并且在使用过程中能达到高效低耗的效果。

(3)施工单位要事先进行市场调查,以各单项工程的工程量、工程强度、施工方案等为依据,确定何时的配套设备。

(4)尽量选择通用性强,可以在施工项目的不同阶段和不同工程活动中反复使用的设备。

(5)应选择价格较低,容易获得零部件的设备,尽量保证设备便于维护、维修、保养。

2. 劳动力组合选择原则

施工单位在选择和确定劳动力组合时要注意遵循以下原则。

(1)劳动力组合要保证生产能力可以满足施工强度要求。

(2)施工单位需要事先进行调查研究,确保劳动力组合能满足各个单项工程的工程量和施工强度。

(3)在选择配套设备的基础上,要按照工作面、工作班制、施工方案等确定最合理的劳动力组合,混合劳动力工种,实现劳动力组合的最优化。

## 二、主体工程施工方案选择原则

水利工程涉及多种工种,其中主体工程施工主要包括地基处理、混凝土施工、碾压式土石坝施工等。而各项主体施工还包括多项具体工程项目。本节重点研究在进行混凝土施工和碾压式土石坝施工时,施工组织设计方案的选择应遵循的原则。

## (一)混凝土施工方案选择原则

混凝土施工方案选择主要包括混凝土主体施工方案选择、浇筑设备确定、模板选择、坝体选择等内容。

### 1. 混凝土主体施工方案选择原则

在进行混凝土主体施工方案确定时,施工单位应该注意以下几部分的原则。

(1)混凝土施工过程中,生产、运输、浇筑等环节要保证衔接的顺畅和合理。

(2)混凝土施工的机械化程度要符合施工项目的实际需求,保证施工项目按质按量完成,并且能在一定程度上促进工程工期和进度的加快。

(3)混凝土施工方案要保证施工技术先进,设备配套合理,生产效率高。

(4)混凝土施工方案要保证混凝土可以得到连续生产,并且在运输过程中尽可能减少中转环节,缩短运输距离,保证温控措施可控、简便。

(5)混凝土施工方案要保证混凝土在初期、中期以及后期的浇筑强度可以得到平衡的协调。

(6)混凝土施工方案要尽可能保证混凝土施工和机电安装之间存在的相互干扰尽可能少。

### 2. 混凝土浇筑设备选择原则

混凝土浇筑设备的选择要考虑多方面的因素,比如混凝土浇筑程序能否适应工程强度和进度、各期混凝土浇筑部位和高程与供料线路之间能否平衡协调等等。具体来说,在选择混凝土浇筑设备时,要注意以下几条原则。

(1)混凝土浇筑设备的起吊设备能保证对整个平面和高程上的浇筑部位形成控制。

(2)保持混凝土浇筑主要设备型号统一，确保设备生产效率稳定、性能良好，其配套设备能发挥主要设备的生产能力。

(3)混凝土浇筑设备要能在连续的工作环境中保持稳定的运行，并具有较高的利用效率。

(4)混凝土浇筑设备在工程项目中不需要完成浇筑任务的间隙可以承担起模板、金属构件、小型设备等的吊运工作。

(5)混凝土浇筑设备不会因为压块而导致施工工期的延误。

(6)混凝土浇筑设备的生产能力要在满足一般生产的情况下，尽可能满足浇筑高峰期的生产要求。

(7)混凝土浇筑设备应该具有保证混凝土质量的保障措施。

### 3. 模板选择原则

在选择混凝土模板时，施工单位应当注意以下原则。

(1)模板的类型要符合施工工程结构物的外形轮廓，便于操作。

(2)模板的结构形式应该尽可能标准化、系列化，保证模板便于制作、安装、拆卸。

(3)在有条件的情况下，应尽量选择混凝土或钢筋混凝土模板。

### 4. 坝体接缝灌浆设计原则

在坝体的接缝灌浆时应注意考虑以下几个方面。

(1)接缝灌浆应该发生在灌浆区及以上部位达到坝体稳定温度时，在采取有效措施的基础上，混凝土的保质期应该长于四个月。

(2)在同一坝缝内的不同灌浆分区之间的高度应该为10～15米。

(3)要根据双曲拱坝施工期来确定封拱灌浆高程，以及浇筑层顶面间的限定高度差值。

(4)对空腹坝进行封顶灌浆，火堆受气温影响较大的坝体进行接缝灌浆时，应尽可能采用坝体相对稳定且温度较低的设备进行。

### (二)碾压式土石坝施工方案选择原则

在进行碾压式土石坝施工方案选择时，要事先对工程所在地的气候、自然条件进行调查，搜集相关资料，统计降水、气温等多种因素的信息，并分析它们可能对碾压式土石坝材料的影响程度。

#### 1. 碾压式土石坝料场规划原则

在确定碾压式土石坝的料场时，应注意遵循以下原则。

(1)碾压式土石坝料场的料物物理学性质要符合碾压式土石坝坝体的用料要求，尽可能保证物料质地的统一。

(2)料场的物料应相对集中存放，总储量要保证能满足工程项目的施工要求。

(3)碾压式土石坝料场要保证有一定的备用料区，并保留一部分料场以供坝体合龙和抢拦洪高时使用。

(4)以不同的坝体部位为依据，选择不同的料场进行使用，避免不必要的坝料加工。

(5)碾压式土石坝料场最好具有剥离层薄、便于开采的特点，并且应尽量选择获得坝料效率较高的料场。

(6)碾压式土石坝料场应满足采集面开阔、料物运输距离短的要求，并且周围存在足够的废料处理场。

(7)碾压式土石坝料场应尽量少地占用耕地或林场。

#### 2. 碾压式土石坝料场供应原则

碾压式土石坝料场的供应应当遵循以下原则。

(1)碾压式土石坝料场的供应要满足施工项目的工程和强度需求。

(2)碾压式土石坝料场的供应要充分利用开挖渣料，通过高料高用、低料低用等措施保证料物的使用效率。

(3)尽量使用天然砂石料用作垫层、过滤和反滤,在附近没有天然砂石料的情况下,再选择人工料。

(4)应尽可能避免料物的堆放,如果避免不了,就将堆料场安排在坝区上坝道路上,并要保证防洪、排水等一系列措施的跟进。

(5)碾压式土石坝料场的供应尽可能减少料物和弃渣的运输量,保证料场平整,防止水土流失。

### 3. 土料开采和加工处理要求

在进行土料开采和加工处理时,要注意满足以下要求。

(1)以土层厚度、土料物理学特征、施工项目特征等为依据,确定料场的主次并进行分区开采。

(2)碾压式土石坝料场土料的开采加工能力应能满足坝体填筑强度的需求。

(3)要时刻关注碾压式土石坝料场天然含水量的高低,一旦出现过高或过低的状况,要采用一定具体措施加以调整。

(4)如果开采的土料物理力学特性无法满足施工设计和施工要求,那么应选择对采用人工砾质土的可能性进行分析。

(5)对施工场地、料物输送线路、表土堆存场等进行统筹规划,必要情况下还要对还耕进行规划。

### 4. 坝料上坝运输方式选择原则

在选择坝料上坝运输方式的过程中,要考虑运输量、开采能力、运输距离、运输费用、地形条件等多方面因素,具体来说,要遵循以下原则。

(1)坝料上坝运输方式要能满足施工项目填筑强度的需求。

(2)坝料上坝的运输在过程中不能和其他物料混掺,以免污染和降低料物的物理力学性能。

(3)各种坝料应尽量选用相同的上坝运输方式和运输设备。

(4)坝料上坝使用的临时设备应具有设施简易、便于装卸、装备工程量小的特点。

(5)坝料上坝尽量选择中转环节少、费用较低的运输方式。

### 5. 施工上坝道路布置原则

施工上坝道路的布置应遵循以下原则。

(1)施工上坝道路的各路段要能满足施工项目坝料运输强度的需求,并综合考虑各路段运输总量、使用期限、运输车辆类型和气候条件等多项因素,最终确定施工上坝的道路布置。

(2)施工上坝道路要能兼顾当地地形条件,保证运输过程中不出现中断的现象。

(3)施工上坝道路要能兼顾其他施工运输,如施工期过坝运输等,尽量和永久公路相结合。

(4)在限制运输坡长的情况下,施工上坝道路的最大纵坡不能大于15%。

### 6. 碾压式土石坝施工机械配套原则

确定碾压式土石坝施工机械的配套方案时应遵循以下原则。

(1)确定碾压式土石坝施工机械的配套方案要能在一定程度上保证施工机械化水平的提升。

(2)各种坝面作业的机械化水平应尽可能保持一致。

(3)碾压式土石坝施工机械的设备数量应该以施工高峰时期的平均强度进行计算和安排,并适当留有余地。

## 第三节　水利工程施工组织设计的总体布置研究

水利工程的施工总体布置对于项目工程的整体施工进程都会产生非常重要的影响,因此,在进行水利工程施工项目总体布置方案设计时，要遵循因地制宜、因时制宜、促进生产、便于生活、安全可靠、经济合理几大原则，经过全面系统的分析研究之后才能进行最后的方案确定。

## 一、施工总体布置的目的和作用

### (一)施工总体布置的概念

施工总体布置是指在经过对施工场地的地形条件、枢纽布置情况和各项临时设施布置要求进行研究和分析的基础上，对项目工程施工场地的分期、分区以及分标布置方案进行确定的过程。同时，还要对项目施工期间需要的交通运输设施、生产和生活用房、动力管线等进行平面以及立体面上的布置并尽量减少场地安排对施工可能造成的干扰，保证施工项目能安全、保质保量的完成。

### (二)施工总体布置的目标

施工总体布置最终会以一定比例尺的施工场区地形图的形式呈现出来，是施工组织设计最重要的成果之一。

施工总体布置场区地形图应该包括所有地上、底下、已经建成以及正在建设过程中的建筑物和构筑物，此外，为施工项目服务的所有临时性建筑和施工设施都应该反映在总体布置图当中。

施工总体布置除了通过地形图的方式表现出研究成果之外，还应提出各项施工设施以及临时性建筑的分区设置方案；估算施工征地的具体面积；研究还地造田和征地再利用的具体措施等等。

施工总体布置是一个围绕施工工程运行的复杂的系统工程，但是由于施工工程本身是在不断发生变化的，因此，施工总体布置也要不断根据施工工程本身的变化进行调整。

## 二、施工总体布置图设计原则

由于施工条件的不断变化，因此不可能编制出一成不变的总体布置图。因此，在进行施工总体布置图的设计时，主要要根据施工单位的实践经验，因地制宜，以优化场地布置为原则，进行布置图的编制。具体来说，设计施工总体布置图时主要要遵循以下原则。

### （一）合理使用场地

在进行施工总体布置图的编制时，要注意尽量少的占用农田等地区，合理使用场地，实现场地利用率的最大化。

### （二）优化场区划分

对施工场区的划分要符合国家相关的安全、卫生、环保等方面的规定，并以利于生产、便于生活、易于管理、经济合理的原则进行。

### （三）临时建筑物和施工设施的安排

所有施工场区中临时建筑物以及施工设施的安排要以满足主体工程施工的要求为基本，相互协调，避免安排失衡导致建筑物之间出现互相干扰的情况。

### （四）施工设施的防洪标准

主要的施工设施以及工厂的防洪标准的确定要以其规模、使用期限以及在整体施工工程中的重要程度来决定，在5～20年重现期内选用。必要时，可以利用水工模型试验来测试场地防洪的能力。

## 三、施工总体布置图的设计步骤

设计施工总体布置图时，主要包括以下几个环节。

### （一）收集、分析相关资料

施工总体布置图设计的第一个步骤是收集和分析基本信息和资料。基本资料主要包括施工场区地形图、拟建枢纽布置图、已经存在的场外交通运输设施、运输能力、发展规划、施工项目所在地及其工矿企业信息、施工项目所在地水电供应状况、施工场区地质状况、所在地气候条件等。

### （二）编制临建工程项目清单、计算场地面积

在掌握了施工场区的基本资料之后，就可以进行临建工程项目的确定，这个环节主要根据工程的施工条件、结合之前的实践经验，进行最终的临建项目的确定。在确定临建项目的清单之后，还要对它们的占地面积、敞篷面积、建筑面积等进行精确的计算；明确临建项目工程的施工标准、使用期限以及布置及使用要求。对于临建工程中的工厂，施工单位还要对它们的生产能力、工作班制、服务对象等方面内容进行确定。

### （三）现场布置总体策划

现场布置总体策划是指对施工现场的总体布局，包括主要交通干线、场内外交通衔接、永久设施和临建项目之间的结合等内容进行整体规划。现场布置总体策划是施工总体布置中非常关键的一个环节，在工程施工实行分项承包制的情况下，尤其要做好这项工作，对各承包单位的具体施工范围进行明确、严格地划分。

### (四)临建工程的具体位置

临建工程的具体位置的确定和安排通常建立在现场布置总体策划的基础上，以对外交通方式为依据，按照临建工程所在地的具体地形特征按照顺序依次进行。

### (五)方案调整和选定

在经过上述环节之后，就需要对总体布置方案进行修正和协调，这个环节主要工作包括：检查主体工程和临建工程之间是否存在矛盾、总体布置中的防火方案能否达到要求、场地利用是否合理等。通常情况下，施工单位需要对一个施工场区提出不止一种总体布置方案，经过综合考虑和对比，选择最合适的一个方案。

## 四、施工分区布置

在进行了总体布置策划之后，就要对场区进行分区布置。

### (一)主要施工分区

通常情况下，大、中型规模水利工程施工项目在进行施工总体布置时，可以将场区分为以下几部分。

(1)主体工程施工区。

(2)施工工厂设施区。

(3)当地建材开发区。

(4)储运系统，主要包括仓库、站场、码头、转运站等。

(5)金属结构、机电工程、大型施工机械设备安装场所。

(6)施工项目弃料堆放区。

(7)施工管理以及劳动人员生活营区。

### (二)施工分区的总体布局

施工项目工程枢纽布置和所在地地形条件的差异导致了施工分区总体布局方式的不同,大体上来说,有以下几种情况。

#### 1. 一岸布置和两岸布置

一岸布置和两岸布置一般适用于施工项目较为集中且下游较为开阔的工程。如果选择设在一岸,则要考虑这一岸的电站厂房位置和对外交通线路等因素;如果选择设在两岸,则施工项目的主要场地也会受到两岸电站厂房位置的影响。

#### 2. 集中布置和分散布置

集中布置一般适用于主体工程所在地地形平稳的情况,集中布置具有占地面积小、布置紧凑、便于管理等优点。但是如果施工项目所在地地形陡峻,则不适合采用集中布置的方式,而是应该采用分散布置的方法,化整为零。

#### 3.“一条龙”和“一二线”布置

“一条龙”布置是指将施工项目的各工程场地布置在河流一岸或两岸的冲沟位置,这种布置方法一般适用于堤坝位置位于峡谷地区的施工项目。

“一二线”布置是指将施工项目的工程场地安排在施工现场,而将生活区布置在较远位置的方式。“一二线”布置一般适用于距离工地一定距离处有较适合生活的地区的情况。

#### 4. 枢纽工程对分区布置的影响

枢纽工程组成内容的差异也会导致施工布置的不同,枢纽工程中辅助设施的构成会对施工场区布置造成很大影响。如果施工项目的枢纽工程主体是混凝土坝,那么在进行施工布置时,就要以骨料开采、运输、加工以及混凝土的拌和、运输和浇筑为基本要素进行场区分区布置的安排;而对于枢纽工程主体为土石坝的施工项目,则应该重点考虑土石料开采、加工等设施的布置。

5. 水文资料的研究

在进行场区分区布置时,除了考虑施工项目的主要枢纽工程及其辅助设施,施工单位还需要对施工工程所在地的水文资料进行研究。首先,施工项目主要场地和交通干线都要达到防洪标准。其次,如果施工工程位置选择在坝址上游的话,施工单位还要对施工期间可能会出现的上游水位变化进行估计和分析。

6. 可能成为城镇的工程的建设规划

在实际操作中,一些施工项目在建成之后会发展成为一定规模的城镇,对于这一类工程的建设规划,在进行工程项目建设的同时,还要结合未来城市的总体规划进行施工总体布置的安排。施工单位需要在进行大量调查和研究之后慎重地进行选址和建设,虽然可能会增加项目的建设成本,但是从长远看来却值得尝试。

### (三)施工分区布置的注意事项

在进行施工分区布置的过程中,施工单位应该注意以下几方面的内容。

1. 车站位置的选择

如果施工项目选择铁路或水路为对外交通运输途径的话,就要对车站和码头的位置首先进行确认。车站的位置应该安排在施工场区入口的附近,方便施工车辆的停靠;同时,为了满足施工场区器材仓库等设施的布置需求,车站附近应有足够的临时堆场。

2. 混凝土拌合系统的位置安排

混凝土的拌合系统的位置应该被安排在施工项目主要浇筑对象的附近，并和混凝土运输路线形成相协调的位置状况。而在混凝土拌合系统的附近，应该安排如水泥仓库、钢筋加工厂等设施，形成一条完整的运输流水线。

3. 骨料加工厂的位置选择

骨料加工厂应该安排在料场附近，在减少不必要的废弃料运输工作量的同时，缓解施工现场的干扰。

4. 其他设施的位置安排

除了上述两组设施的位置安排需要注意之外，施工单位还应注意以下建筑物位置的选择。

(1)机械修配厂尽量安排在交通干线附近，以方便重型机械的进出。

(2)中心变电站尽量安排在较为安静的地方，避免发生因触碰而导致的电击事故。

(3)码头以及供水抽水站应尽量安排在枢纽的下游河边位置，但是要综合考虑枢纽下游河岸的稳定、河水流速等因素。

(4)制冷厂的位置应该选择在混凝土建筑物以及混凝土系统的附近，采取自流方式进行冷水供应。

(5)油库、炸药库等危险物品的仓库应当尽量安排在人少的位置，且应当单独布置，并设置警戒线，提醒施工人员注意。

**(四)施工组织总布置实例**

根据上述对施工组织总布置的设计原则和各设施位置选择的分析，我们基本上可以形成一套完整的施工项目总布置的安排机制。图 2-1 是隔河岩工程的施工项目总布置图，我们可以从图中找到上述分析中对施工场区及设施的安排原则。

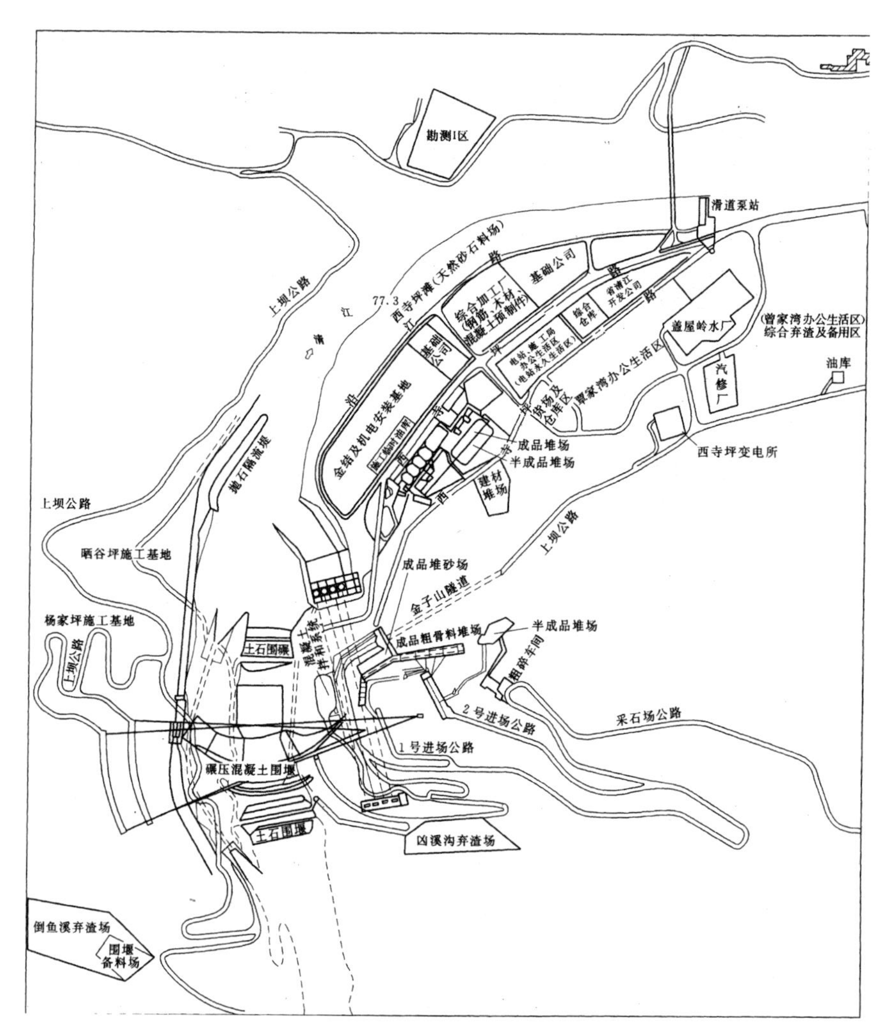


图 2-1　隔河岩工程施工总布置示意图

## 第四节　水利工程施工组织设计的总进度计划研究

项目工程的施工总进度在编制的过程中，要以国民经济发展需求为导向、以满足施工项目主管部门或业主需求为原则，采用一定措施进行。施工总进度计划的确定对施工项目具有重要意义，如果不在认真调查后制定，很可能造成施工项目逾期完成或难以实现。

## 一、工程建设阶段划分

工程建设阶段可以被划分为四部分。

### (一)工程筹建期

工程筹建期是指在工程正式开工之前,施工项目的主管部门或业主单位进行的为承包单位进场开工所做的准备工作的时间。工程筹建期的主要工作包括对外交通、施工用电、通信、征地、投招标、签约。

### (二)工程准备期

工程准备期是指从准备工程开工到主体工程正式开工之间的工期。工作准备期的工作主要包括:场内交通、保证场地平整、导流工程、临时建房等。

### (三)主体工程施工期

主体工程施工期就是指从主体工程正式开工(一般表现为河床基坑开挖)开始,到第一台机组开始发电或工程项目开始受益为止的工期。

### (四)工程完建期

工程完建期是指从水电站第一台机组投入使用或项目工程开始获得收益开始,到工程完全竣工这段时间的工期。

工程建设阶段中的后三个阶段构成了工程施工总工期。并且,工程建设的四个阶段并不一定是完全独立的,有可能会交错进行。

## 二、施工总进度的表现形式

根据项目工程的具体情况的差异，一般可以选择以下三种方式表现项目工程的施工总进度。

### （一）横道图

横道图以其简便、直观的特点被广泛使用。横道图的示例如表 2-1 所示。

表 2-1　某堤防工程施工总进度横道图计划表

| 序号 | 主要工程项目 | 2012 年 | | | | |
|---|---|---|---|---|---|---|
| | | 2 月 | 3 月 | 4 月 | 5 月 | 6 月 |
| 1 | 准备工作 | | | | | |
| 2 | 清基及削坡 | | | | | |
| 3 | 堤身填筑及整形 | | | | | |
| 4 | 浆砌石脚槽 | | | | | |
| 5 | 干砌石护坡 | | | | | |
| 6 | 抛石 | | | | | |
| 7 | 导滤料 | | | | | |
| 8 | 草皮护坡 | | | | | |
| 9 | 锥探灌浆 | | | | | |
| 10 | 竣工资料整理及工程验收 | | | | | |

横道图上每一条线都表现了各项工作从开始到完成的时间。

### （二）网络图

网络图的优势是利用现代网络技术，可以处理大量工程项目中的数据，并表示出关键线路的进度控制，便于信息的反馈和进度系统的优化。

### (三)斜线图

斜线图相较上两种表示方法来说,更能表现出流水作业的进度流程。

## 三、主体工程施工进度编制

主体工程的施工进度编制主要包括坝基开挖与地基处理工程、混凝土工程、碾压式土石坝、地下工程、金属结构及机电安装以及劳动力和主要资源供应六部分内容的施工进度编制。

### (一)坝基开挖与地基处理工程施工进度编制

坝基开挖与地基处理具体来说包括以下几个部分的工程活动。

1. 坝基岸坡开挖

坝基岸坡开挖一般和导流工程同时期进行,通常在河流截流之前完成。如果遇到平原地区的水利工程或河床式水电站施工条件特殊的状况,也可以进行两岸坝基和河床坝基的交叉开挖,但是要注意将开挖工期控制在进度范围内。

2. 基坑排水

通常情况下,施工单位会在围堰水下部分防渗设施基本完善之后安排进行基坑排水,并且基坑排水一般在河床地基开挖之前完成。对于土石围堰与软质地基,基坑排水应注意控制排水下降速度。

3. 不良地质地基处理

一般情况下,不良地质地基处理会在建筑物覆盖之前完成。

团结灌浆和混凝土浇筑可以在同一时间内进行，并且经过研究，还可以在混凝土浇筑之前进行。帷幕灌浆为了不占用施工项目的直线工期，可以在坝基面或廊道内完成，并且应该在蓄水之前完成。

#### 4. 有地质缺陷的坝基

对于两岸岸坡有地质缺陷的坝基的施工进度的制定，应该以其地基处理方案为基础，当存在缺陷的坝基的地基处理部位位于坝基范围之外或地下时，可以考虑安排这部分坝基的施工同坝体浇筑同时进行，并且同样在水库蓄水之前完成。

#### 5. 地基处理工程

地基处理工程的进度安排要以地基的地质条件、处理方案、具体工程量、施工步骤、施工水平、设备生产能力等因素为依据，综合考虑之后进行制定。特别需要注意的是，对于处理相对复杂、对施工项目总工期具有重要影响的地基的施工进度安排，要更加慎重。

### （二）混凝土工程施工进度编制

在进行混凝土工程施工进度安排时，应首先考虑施工的有效工作天数。一般情况下，混凝土工程的施工有效天数可以按照每个月 25 天进行计算。对于规模较大的工程，则可以在冬季、夏季或雨季采取一定的措施加快混凝土浇筑效率。而对于控制直线工期工程的工作天数，应该将气候因素会对工程施工造成影响的日子从有效天数中扣除。具体来说，混凝土工程施工进度在编制和安排过程中，要注意以下问题。

#### 1. 混凝土的平均升高速度

混凝土平均升高速度和坝型、浇筑块数量、浇筑块高度、浇筑设备能力等因素有关，通常情况下可以通过浇筑排块来确定。

对于大型工程来说，适合采用计算机模拟技术来进行坝体浇筑强度、升高速度以及浇筑工期的研究和计算。

2. 混凝土接缝灌浆进度

对于混凝土接缝灌浆进度的确定，首先要满足施工期度汛和水库蓄水安全的需求，并综合考量温控措施以及二期冷却的进度安排。

### （三）碾压式土石坝施工进度编制

对碾压式土石坝施工进度的编制，应当考虑导流和安全度汛的要求，并在研究碾压式土石坝坝体结构及拦洪方案的基础上，确定上坝强度，最终进行施工进度的安排。

### （四）地下工程施工进度编制

地下工程的施工进度通常会受到工程项目的地质和水文地质等因素的影响，各单项工程活动之间互相制约，在进行进度安排时，要统筹兼顾包括开挖、支护、浇筑、灌浆在内的多道工序和单项工程。

地下工程的施工一般可以全年进行，具体进行施工进度安排时，要综合考虑各单项工程项目规模、地质条件、施工方案以及设备条件等因素，采用关键线路法确定施工程序以及各工序之间相互衔接的方式，确定最优工期。

### （五）金属结构及机电安装进度编制

对于金属结构工程的施工进度安排，施工单位应该充分研究其与土建工程施工工期之间的关系，协调金属结构工程和土建工程之间的交叉和衔接，保证两者不互相干扰的同时，留有一定余地。

而对于机电安装进度的安排，应该逐项研究其交付条件以及完成时间。

### (六)施工劳动力及主要资源供应

在确定了施工项目主要工程的进度安排之后,施工单位就要根据施工图纸及工程量确定和计算项目工程需要的总劳动力和主要资源数量,并编制劳动力、主要材料、构件及半成品、施工机械的需求量计划表。

1. 劳动力需求量计划

劳动力需求量计划主要用来协调劳动力平衡、合理配置劳动力资源,同时也是衡量劳动力耗用指标以及安排劳动人员生活福利的基本依据。编制劳动力需求量计划的方法就是将项目工程的施工进度计划表中各项施工项目及各个施工环节每天所需的劳动力数量进行汇总。表格形式如表 2-2 所示。

表 2-2　劳动力需求量计划表

| 序号 | 工种名称 | 需要人数 | ××月 | | | ××月 | | | 备注 |
|---|---|---|---|---|---|---|---|---|---|
| | | | 上旬 | 中旬 | 下旬 | 上旬 | 中旬 | 下旬 | |
| | | | | | | | | | |
| | | | | | | | | | |
| | | | | | | | | | |

2. 主要材料需求量计划

主要材料的需求量计划为施工单位采购物料、确定仓库规格、确定堆场面积以及组织运输提供了依据。主要材料需求量计划的编制方法是将施工进度计划表中各单项工程在各个时间段所需要的材料的名称、规格、数量进行汇总计算。表格形式如表 2-3 所示。

表 2-3 主要材料需求量计划表

<table>
<tr><th rowspan="3">序号</th><th rowspan="3">材料名称</th><th rowspan="3">规格</th><th colspan="2">需求量</th><th colspan="6">需要时间</th><th rowspan="3">备注</th></tr>
<tr><th rowspan="2">单位</th><th rowspan="2">数量</th><th colspan="3">××月</th><th colspan="3">××月</th></tr>
<tr><th>上旬</th><th>中旬</th><th>下旬</th><th>上旬</th><th>中旬</th><th>下旬</th></tr>
<tr><td></td><td></td><td></td><td></td><td></td><td></td><td></td><td></td><td></td><td></td><td></td><td></td></tr>
<tr><td></td><td></td><td></td><td></td><td></td><td></td><td></td><td></td><td></td><td></td><td></td><td></td></tr>
<tr><td></td><td></td><td></td><td></td><td></td><td></td><td></td><td></td><td></td><td></td><td></td><td></td></tr>
</table>

3. 构建和半成品需求量计划

构建和半成品主要包括项目施工过程中需要的建筑结构构件、配件、加工半成品等。构建和半成品需求量计划主要用于确定加工订货单位，并且保证货物能按照所需数量、规格，在规定时间内运抵仓库。构建和半成品需求量计划一般通过施工图纸和施工进度计划进行确定和编制。表格形式如表 2-4 所示。

表 2-4 构建及半成品需求量计划表

<table>
<tr><th rowspan="2">序号</th><th rowspan="2">构件、半成品名称</th><th rowspan="2">规格</th><th rowspan="2">图号、型号</th><th colspan="2">需求量</th><th rowspan="2">使用部位</th><th rowspan="2">制作单位</th><th rowspan="2">供应日期</th><th rowspan="2">备注</th></tr>
<tr><th>单位</th><th>数量</th></tr>
<tr><td></td><td></td><td></td><td></td><td></td><td></td><td></td><td></td><td></td><td></td></tr>
<tr><td></td><td></td><td></td><td></td><td></td><td></td><td></td><td></td><td></td><td></td></tr>
<tr><td></td><td></td><td></td><td></td><td></td><td></td><td></td><td></td><td></td><td></td></tr>
</table>

4. 施工机械需求量计划

施工机械需求量计划为确定施工机械的类型、数量、进场时间等提供了依据。施工机械需求量计划的编制方法就是将单位工程施工进度计划表中各项单项施工工程每天所需要的机械的类型、规格、数量进行统计。表格形式如表 2-5 所示。

表 2-5　施工机械需求量计划表

| 序号 | 机械名称 | 型号 | 需求量 | | 现场使用起止时间 | 机械进场或安装时间 | 机械退场或拆卸时间 | 供应单位 |
|---|---|---|---|---|---|---|---|---|
| | | | 单位 | 数量 | | | | |
| | | | | | | | | |
| | | | | | | | | |
| | | | | | | | | |

# 第三章　水利工程施工项目质量管理研究

水利工程项目的施工阶段指的是，根据工程相关图纸和文件的设计要求，在工程的建设团队和技术人员的劳动下所形成的工程实体的阶段。在该阶段中，最为重要任务是进行质量控制，通过建立全面、有效的工程质量监督体系，从而确保水利工程可以符合专门的工程或是合同所规定的质量要求和标准。

## 第一节　水利工程施工项目质量管理概述

质量管理指的是，对工程的质量和组织的活动进行协调。从这个定义中我们可以看出，质量管理主要包括两个方面的具体含义：一方面指的是工程的特征性能，也就是所谓的工程产品质量；另一方面指的是参与工程建设员工或是组织的工作水平和组织管理，也就是工作质量。对水利工程质量管理中，对质量的指挥和控制活动包含多方面的活动，如制定质量方针和质量目标等。除此之外，还要进行质量策划、质量控制、质量保证和质量改进等。

### 一、水利工程质量管理的原则

对水利工程的质量进行管理管理的目的是，使工程的建设符合相关的要求。采用科学的方法，对工程建设中所涉及的各个问题进行相应的协调，解决工程建设中所遇到的困难，从而最终保证工程的质量满足相关的质量要求。

### （一）遵守质量标准原则

在对工程质量进行评价时，必须要依据质量标准来进行，而其中所涉及的数据则是质量控制的基础。意见工程的质量是否符合质量的相关要求，只有在将数据作为依据进行衡量之后才能做出最终的评判。

### （二）坚持质量最优原则

坚持质量最优原则是对工程进行质量管理所遵循的基本思量，在水利工程建设的过程中，所有的管理人员和施工人员都要将工程的质量放在首位。

### （三）坚持以人为控制核心原则

人是质量的创造者，因此在工程质量控制的过程中，必须要将“人”作为质量控制的核心，充分发挥人的主动性，成为质量控制中的不竭的动力。

### （四）坚持全面控制原则

全面控制原则指的是，要对工程建设的整个过程都进行严格的质量控制，质量控制的过程贯穿于工程建设的始终。也就是说，为了保证工程的质量能够达到标准，对于工程质量的控制就不能仅仅局限于施工的阶段，而是从工程开始的设计到最后的维护过程中都要进行控制。对所有可以影响工程质量的因素都要严格把握质量，从根本上提高工程质量。

### （五）坚持预防为主原则

坚持预防为主的原则指的是，在水利工程实际实施之前，就要提前考虑到可以对工程质量产生影响的好的因素进行全面的分析，找出其中的主导因素，并采取相应的措施对其进行有效的控制，将工程的质量问题消灭于萌芽的状态，从而真正做到未雨绸缪的程度。

## 二、水利工程质量管理的内容

在对水利工程的质量进行管理时，要注意从全面的观点出发。不仅要对工程质量进行管理，并且还要从工作质量和人的质量方面进行管理。

### （一）工程质量

工程质量指的是，建设水利工程要符合相关法律法规的规定，符合技术标准、设计文件和合同等文件的要求，其所起到的具体作用要符合使用者的要求。具体来说，对工程质量管理主要表现在以下几个方面。

1. 工程寿命

所谓的工程寿命，实际上指的就是工程的耐久性，指的是水利工程在常规的条件下，可以正常发挥其功能的有效时间。

2. 工程性能

工程性能就是工程的适用性，指的是功能在全面满足使用者需求的条件下所应具备的所有功能，其具体表现为使用性能、外观性能、结构性能和力学性能。

3. 安全性

安全性指的是，工程在使用的过程中应保证其结构的安全，保证他人的人身和环境不受到工程的伤害。例如，工程应具备抗震、耐火等方面的功能。

4. 经济性

经济性指的是，工程在建设和使用的过程中所花费的所有成本的多少。

5. 可靠性

可靠性指的是，工程在一定的使用条件和使用时间下，所能够有效完成相应功能的程度。例如，某水利工程在正常的使用条件和使用时间下，不会发生断裂或是渗透等问题。

6. 与环境的协调性

与环境的协调性指的是，水利工程的建设和使用要与其所处的环境相协调，实现可持续发展。

我们可以通过量化评定或定性分析来对上述六个工程质量的特性进行评定，以此明确规定出可以反映出工程质量特性的技术参数，然后通过相关的责任部门形成正式的文件下达给工程建设组织，以此来作为工程质量施工和验收的规范，这就是所谓的质量标准。通过将工程与工程质量标准相比较，符合标准的就是合格品，不符合标准的就是不合格品。需要注意的是，施工组织的工程建设质量，不仅要满足施工验收规范和质量评价标准的要求，并且还要满足建设单位和设计单位所提出的相关合理要求。

### (二)工作质量

工作质量指的是，从事建筑行业的部门和建筑工人的工作可以保证工程的质量。工作质量包括生产过程质量和社会工作质量两个方面，如技术工作、管理工作、社会调查、后勤工作、市场预测、维护服务等方面的工作质量。想要确保工程质量可以对达到相关部门的要求，前提条件就必须首先要保证工作质量要符合要求。

### (三)人的质量

人的质量指的是，参与工程建设的员工的整体素质，主要包括文化技术素质、思想政治素质、身体素质、业务管理素质等多个方面。人是直接参与工程建设的组织者、指挥者和操作者，人的素质高低不仅会影响工程质量的好坏，甚至还会关系到从事建筑企业的生死存亡。

## 三、工程质量的特点

工程质量的特点，主要表现在以下几个方面。

### (一)质量波动大

工程建设的周期通常都比较长，就使得工程所遭遇的影响因素增多，从而加大了工程质量的波动程度。

### (二)影响因素多

对工程质量产生影响的因素有很多，包括直接因素和间接因素，如机械因素、人的因素、方法因素、材料因素、环境因素(人、机、料、法、环)等多方面的因素都会对工程的质量产生影响。尤其是对于水利工程建设来说，一般都是由多家建设单位共同完成的，这就使得工程的质量形式更为复杂，影响工程的因素也更多。

### (三)质量变异大

从上述中我们可以得知，影响工程质量的因素很多，这同时也就加大了工程质量的变异几率，因为任何一个因素发生的变异都会对整个工程的质量产生影响。

### （四）质量具有隐蔽性

由于工程在建设的过程中，工序交接多，中间产品多，隐蔽工程多，并且取样数量还会受到多种因素和条件的限制，从而增大了错误判断率。

### （五）终检局限性大

建筑工程通常都会有固定的位置，因此在对工程进行质检时，就不能对其进行解体或是拆卸，因此工程内部存在的很多隐蔽性的质量问题，在最后的终检验收时都很难发现。

在工程质量管理的过程中，除去要考虑到上述几项工程的特点之外，还要认识到质量、进度和投资目标这三者之间是一种对立统一的关系，工程的质量会受到投资、进度等方面的制约。想要保证工程的质量，就应该针对工程的特点，对质量进行严格控制，将质量控制贯穿于工程建设的始终。

## 四、工程项目质量控制的任务

工程项目质量控制的任务指的是，根据国家现行的有关法规、技术标准和工程合同规定，对工程建设各个阶段的质量目标进行监督管理。工程建设的各个阶段的质量目标是不同的，因此要对各阶段的质量控制对象和任务一一进行确定。

### （一）工程项目决策阶段质量控制的任务

在工程项目决策阶段，在对工程质量的控制中，主要是对可行性研究报告进行审核，其必须要符合下列条件才可以最终被确认执行。

(1)符合国民经济发展的长远规划、国家经济建设的方针政策。

(2)符合工程项目建议书或业主的要求。

(3)具有可靠的基础资料和数据。

(4)符合技术经济方面的规范标准和定额等指标。

(5)其内容、深度和计算指标要达到标准要求。

### (二)工程项目设计阶段质量控制的任务

在工程项目的设计阶段,对工程质量的控制主要是对与设计相关的各种资料和文件进行审核。

(1)审查设计基础资料的正确性和完整性。

(2)编制设计招标文件,组织设计方案竞赛。

(3)审查设计方案的先进性和合理性,确定最佳设计方案。

(4)督促设计单位完善质量保证体系,建立内部专业交底及专业会签制度。

(5)进行设计质量跟踪检查,控制设计图纸的质量。

在初步设计和技术设计阶段,主要是对生产工艺及设备的选型、总平面布置、建筑与设施的布置、采用的设计标准和主要技术参数等方面进行审查;在施工图设计阶段,主要审查的内容有,计算数据是否正确,选用的材料和做法是否合理,标注的各部分设计标高和尺寸是否有错误,各专业设计之间是否有矛盾等。

### (三)工程项目施工阶段质量控制的任务

对工程施工阶段进行质量控制是整个工程质量控制的中心环节。根据工程质量形成时间的不同,可以将施工阶段的质量控制分为质量的事前控制、事中控制和事后控制三个阶段。其中,重点控制阶段是事前控制。

#### 1. 事前控制

(1)审查技术资质

对承包商和分包商的技术资质进行审查。

(2)完善工程质量体系

对工程的质量体系进行完善，包括计量及质量检测技术等进行完善，并且还要考核承包商的实验室资质。

(3)完善现场工程质量管理制度

要敦促承包商对现场工程质量管理制度不断进行完善，包括现场质量检验制度、现场会议制度、质量统计报表制度和质量事故报告及处理制度等。

(4)争取更多的支持

积极争取当地质量监督站的配合和帮助。

(5)审核设计图纸

审核建设组织的设计交底和图纸，对工程的重要部位下达相应的质量标准要求。

(6)审核施工组织设计

对承包商所提交的施工组织设计进行审核，确保建造工程技术的可靠性。审核工程中采用的新结构、新材料、新技术、新工艺的技术鉴定书；对工程建设中所使用到的机械、设备等进行全面的技术性能考核。

(7)审核原材料和配件

工程建设中所使用到的原材料和配件的质量要实行严密的把关。

(8)对那些永久性的生产设备或装置，要按照已经经过审批的设计图纸组织来进行采购，在到货之后好要进行检查验收。

(9)检查施工场地

对于施工的场地也要进行检查验收，其检查所包括的内容是，施工场地的测量标桩、建筑物的定位放线以及高程水准点，重要工程项目要要进行复核，将现场中的障碍物及时清除。

(10)严把开工

在对工程建设正式开始之前的所有准备工作都做完，并且全部都合格之后，才可以下达开工的命令；对于中途停工的工程来说，如果没有得到上级的开工命令，那么暂时就不能复工。

2. 事中控制

(1)完善工序控制措施

由于工程质量是在多重不同的工序中最终产生的,因此一定要注重对工序的控制,以保证工程质量。找出影响工序质量的所有因素,并将其控制在可以把握的范围之内,建立质量管理点,对承包商所提交的各种质量统计分析资料和质量控制图表及时进行审查。

(2)严格检查工序交接

在工程建设的过程中,每一个建设阶段只有在验收合格之后才能开始进行下一个阶段的建设。

(3)注重做实验或是复核

对于工程的重点部分或是专业工程,要注意再次试验或是技术复核,确保工程质量。

(4)审查质量事故处理方案

在工程建设的过程中,如果发生了意外事故。要及时作出事故处理方案,在处理结束之后还要对处理效果进行检查。

(5)注意检查验收

对已经完成的分部工程,要严格按照相关的质量标准进行检查验收。

(6)审核设计变更和图纸修改

在工程建设过程中,如果设计图纸出现了问题,要及时进行修改,并要对修改过后的图纸再次进行审核。

(7)行使否决权

在对工程质量进行审核的过程中,可以按照合同的相关规定行使质量监督权和质量否决权。

(8)组织质量现场会议

组织定期或不定期的质量现场会议,及时分析、通报工程质量状况。

3. 事后控制

(1)对承包商所提供的质量检验报告及有关技术性文性进行审核。

(2)对承包商提交的竣工图进行审核。

(3)组织联动试车。

(4)根据质量评定标准和办法,对完工的工程进行检查验收。

(5)组织项目竣工总验收。

(6)收集与工程质量相关的资料和文件,并归档。

### (四)工程项目保修阶段质量控制的任务

(1)审核承包商的工程保修书。

(2)检查、鉴定工程质量状况和工程使用情况。

(3)确定工程质量缺陷的责任者。

(4)督促承包商修复缺陷。

(5)在保修期结束后,检查工程保修状况,移交保修资料。

## 第二节　水利工程施工项目质量管理体系研究

我国的质量管理体系主要有,ISO 9000 族质量管理体系和 G/T 19000 质量管理体系。GB/T 19000 质量管理体系标准,是我国等同采用国际标准化组织 2000 版 ISO 9000 族质量管理体系标准的国家推荐性标准,企业就是在这两个质量管理体系的基础上来建立期适合自身的质量管理体系的。

## 一、质量管理体系概述

### (一)质量管理体系的适用范围

#### 1. 质量保证模式标准

质量保证模式标准有三个，分别将一定数量的质量管理体系要素组成三种不同的模式。

(1)ISO 9001 质量体系

该质量体系是设计、开发、生产、安装和服务的质量保证模式。通常当企业想要向外界证实自身的设计和生产合格产品的过程的控制能力时，会选择该种模式标准。

(2)ISO 9002 质量体系

该质量体系是生产、安装和服务质量保证模式。一般企业想要向外界证实自身生产合格产品的过程控制能力时，会选择该种模式标准。

(3)ISO 9003 质量体系

该质量体系是最终检验和试验的质量保证模式。当企业想要向外界保证其生产的产品，一定会通过检验和试验符合规定要求时，通常会选择使用该种模式标准。

#### 2. ISO 9004 质量管理标准

建立质量管理标准的主要目的是，指导组织进行质量管理和建立质量体系，其主要包括 4 个部分，如表 3-1 所示。

表 3-1 ISO 9004 质量管理标准

| 质量保证模式标准 | 质量管理和质量体系要素 | | 作用 |
|---|---|---|---|
| ISO 9004-1 | 第 1 部分 | 指南 | 本标准全面阐述了与产品寿命周期内所有阶段和活动有关的质量体系要素，以帮助选择和使用适合其需要的要素 |
| ISO 9004-2 | 第 2 部分 | 服务指南 | 本标准是对 ISO 9004-1 在服务类产品方面的补充指南，供提高服务或提供具有服务成分产品的组织参照使用 |
| ISO 9004-3 | 第 3 部分 | 流程性材料指南 | 本标准是对 ISO 9004-1 在流程材料类产品方面的补充指南，供生产流程材料类产品的组织参照使用 |
| ISO 9004-5 | 第 4 部分 | 质量改进指南 | 本标准阐述了质量改进的基本概念和原理、管理指南和方法。凡是希望改进其有效性的组织，不管是否已经实施了正规的质量标准，均应参照本标准 |

### (二)GB/T 19000-2008 族标准的质量管理原则

为了保证 GB/T 19000-2008 族标准可以对企业的运作进行正确的指导，保证生产产品的质量，提高企业的管理工作，因此在实行的过程中需要遵循以下几项原则。

1. 全员参与原则

员工是企业得以存在和实现运营的根本，因此只有在全员参与质量管理的过程中，才能为企业带来更多的效益。企业应激励全体员工树立起强烈的工作责任心和事业心，共同实现组织的战略方针和目标。

2. 以顾客为关注焦点原则

组织想要实现持续性的经营，就必须要有一批顾客的支持。因此，组织应该以顾客的需求为出发点，生产出不断满足顾客求的产品，提高顾客的满意度。将顾客作为关注的焦点对企业的发展具有重要的意义，主要表现在：①可以使组织能够更加准确地把握顾客的需求；②生产出的产品可以直接与顾客的需求相联系，实现组织的目标；③可以提高顾客对组织的忠诚度；④有助于组织抓住市场机遇，能够对市场的变化迅速做出反应，吸引更多的顾客，提高企业经济收益。

3. 坚持领导作用原则

领导要在组织中建立起统一的发展和指导方针，创造出良好的内部环境，以保证员工可以为企业目标的实现做出巨大的努力。如果一个组织领导想要做到最好，在本行业中占领一席之地，就必须要为企业的发展制定一个明确的发展方向，同时还要对企业未来的发展方向做出预测，激烈员工提高工作效率，对组织内部的所有活动进行有效地协调。在企业管理者的科学领导和积极参与下，就可以建立起一个高效的管理体系，有利于企业未来的发展。

4. 过程管理原则

过程管理指的是，通过对工作过程实行 PDCA 循环管理，使过程要素得到持续改进，从而可以满足顾客的需求。

5. 管理的系统化原则

对组织实行系统化的管理，需要经过三个环节，即系统分析、系统工程和系统管理。其通过对数据、事实进行分析、设计、实施的整个过程进行管理，从而达到组织的质量目标。

6. 基于事实决策原则

组织的有效决策建立在数据和详细分析的基础上。企业在事实的基础上进行决策,可以降低企业决策失误的几率。使用统计技术,可以测量、分析和说明产品和过程的变异性;通过对质量信息和资料的科学分析,可以确保信息和资料的准确性;通过以往的经验以及对事实的分析,可以做出有效的决策进而采取相应的行动。组织遵守基于事实决策原则,可以验证以往决策的正确性,并且还可以对组织内部的意见或是决策做出较为可观的评价,从而发扬民族决策的作风,使决策符合实际。

7. 改进项目原则

组织遵守改进项目原则,可以提高组织对改进机会的反应速度,提高企业的竞争力。还可以通过制定战略规划,将多方面的改进意见都集中起来,提高企业业务计划的竞争力。

8. 保持互利关系原则

组织与供方之间是相互依存、互利互惠的关系,可以提高双方创造价值的能力。由于供方所提供的产品会对顾客对组织为其提供的产品产生直接的影响,因此要正确处理好二者之间的关系,维持双方的利益。组织对于供方不能只是一味地进行控制,还要注意进行友好的合作。尤其对组织有重要影响的供方来说,就更要维持好长期互惠互利的关系,这对双方企业的发展都具有重要的作用。

### (三)贯彻 ISO 9000 族质量管理体系的意义

1. 有利于提高工程质量,降低建筑成本

ISO 9000 族标准的建立为企业质量管理体系的建立提供了范例。在改质量管理体系的规范下,企业可以对影响建筑质量的因素进行有效的控制，从而减少工程建设中出现的错误，提高工程的质量。即使工程中出现了缺陷，但也可以在质量体系的引导下及时发现错误并解决。因此，质量管理体系可以保证工程的质量，降低材料的损耗，降低建筑成本。

2. 有利于提高企业的技术和管理水平

ISO 9000 族标准是对高新技术和现代化管理的总结，贯彻 ISO 9000 族标准，有利于学习和掌握最先进的生产技术与管理知识，提高施工企业的素质，生产出高质量的建筑产品，增强企业的竞争能力。

3. 有利于保护消费者的利益

消费者是工程的最终使用者，因此工程质量的好坏会直接关系到消费者利益的得失，甚至影响到用户的人身安全。随着现代科学技术的迅速发展，工程建设中所蕴含的科技手段也越来越多，人们仅仅靠经验去对工程的质量做出正确的评判基本上已经不再可能了。因此，企业应该认真执行 ISO 9000 族标准，建设出质量优良的工程，维护消费者的利益。

4. 有利于提高企业实力，走向国际市场

ISO 9000 族标准实际上已经成为企业向用户展现自身实力的一根标杆，在通过标准质量体系的认证之后，企业就可以向社会证明其建筑工程的能力。除此之外，ISO 9000 族标准是国际通用标准，很多的国家否已经将贯彻 ISO 9000 族标准，通过质量体系认证，作为参与工程投标的一个必要条件。积极贯彻 ISO 9000 族标准，通过质量体系认证，有助于促使我国企业走向国际市场，获得国外消费者的认可。

## 二、质量管理体系的建立与运行

根据 GB/T 19000-2008 族标准建立或是完善质量管理体

系，需要经历三个阶段，即组织策划与总体设计、质量管理体系文件的编制和质量管理体系。

### （一）质量管理体系的组织策划与总体设计

企业的管理者为了达到组织既定的质量目标，满足质量管理体系的总体要求，因此需要对质量管理体系进行策划和总体设计。通过对质量管理体系的策划，可以确定应该采用哪种方法来建立质量管理体系。需要注意的是，质量管理体系的策划和总体设计一定要从实际出发，这样才可以保证其合理性。

### （二）质量管理体系文件的编制

质量管理体系文件的编制应在满足标准要求、确保控制质量、提高组织全面管理水平的情况下，建立一套高效、简单、实用的质量管理体系文件。质量管理体系文件是由四部分组成的，其具体内容如下。

#### 1. 质量手册

质量手册是组织进行质量管理工作的依据，是组织中的质量法规性文件。质量手册直接表明了组织所制定的质量方针，阐述了质量管理体系的文件结构，可以反映出企业整体的质量管理体系，可以对组织各部门之间的协调起到总体规划的作用，其主要表现在内部和外部两个方面：对于组织内部来说，质量手册具有确立各项质量活动及其指导方针和原则的作用，所有的质量活动都要依据质量手册来进行；对于组织外部来说，其保证了质量管理体系的确在组织中的存在，同时又向顾客介绍了质量管理体的具体内容和执行标准。

（1）质量手册的构成

质量手册包含多方面的内容，主要有质量管理范围、术语和定义、引用标准、管理职责、质量管理体系、产品实现、资源管理、测量、分析和改进等。质量手册的内容并不是固定不变的，企业可以根据自身的需要来对质量手册的内容进行更改。

(2)质量手册的编制要求

质量手册的编制需要遵循三个要求:第一,质量手册应该对质量管理体系覆盖的过程和条款都有明确的说明,并且对每个过程和条款的内容、开展的控制活动、对每个活动需要控制的程度、能提供的质量保证等都应该进行详细的描述;第二,质量手册对于质量管理所提出的各项要求,应该在质量管理体系程序和作业文件中有所体现;第三,由于质量手册是一种对外性质的文件,没有严格的保密要求,因此在编写的过程中要遵守适度的原则,在不涉及质量控制细节的前提下,尽量让外部可以对质量管理体系有一个总体的全貌。

2. 质量管理体系程序

质量管理体系程序是质量管理体系的重要组成部分,是质量手册具体展开的有力支撑。质量管理体系程序文件的范围和详略程度主要取决于多种不同的因素,如组织的规模、产品类型、过程的复杂程度、方法和相互作用以及人员素质等。程序文件与一般的具体工作程序不同,其是对质量管理体系过程和方法所涉及的质量活动所进行的具体阐述。

根据ISO 9001-2008标准的规定,质量管理程序所包含的程序文件有:质量记录控制程序、文件控制程序、不合格控制程序、内部质量审核程序、纠正措施程序和预防措施程序等。

3. 质量计划

质量计划指的是,对于特定的项目、产品、过程或合同,规定出由谁及何时应使用哪种文件。

质量计划可以看做是一种工具,其将某产品、项目或合同的特定要求与现行的通用质量管理体系程序紧密相连。质量计划在顾客特定要求和原有质量管理体系之间起到了桥梁的作用,从而提高了质量管理体系适应环境的能力。组织通过制定质量计划，可以有效保证顾客特殊要求的实现。

4. 质量记录

质量记录是阐明所取得的结果或提供所完成活动的证据文件。其可以客观反映出产品的质量水平和企业质量管理体系中各项质量活动结果。质量记录应该按实记录，以此证明产品符合合同及其他文件的质量要求。如果产品的质量出现了问题，那么质量记录中应该记录针对出现的问题企业所实施的具体措施。

### （三）质量管理体系的运行

质量管理体系的运行指的是，在建立质量管理体系文件的基础上，开展质量管理工作，对文件中所涉及的内容进行实施的过程。

质量管理体系可以按照 PDCA 循环运行。PDCA 循指的是，计划、实施、检查、处理四个步骤的循环。要切实保证质量管理体系的顺利施行，需要注意以下几点。

（1）应该从思想上树立认真对待的观念。思想认识是看待问题、处理问题的出发点，由于人们看待问题的思想观念不同，因此处理问题所使用的方法和得到的结果也各不相同。因此，在质量管理体系建立与运行的过程中，应该提前进行培训和宣传，在员工之间达成共识。

（2）管理考核到位。所有的工作职责和管理内容都要严格按照质量管理体系执行，同时要做好监督和考核工作。定期开展纠正与预防活动，充分发挥内审的作用，以保证质量管理体系的有效运行。内审指的是，由经过培训并取得内审资格的人员对质量管理体系的符合性及有效性进行验证的过程。通过内审发现的问题，要及时制定相应的解决措施，并且还要制定纠正及预防措施，对质量持续进行改进。

## 第三节　水利工程施工项目质量管理的统计与分析

对工程项目进行质量控制的一个重要方法是利用质量数据和统计分析方法。通过收集和整理质量数据，进行统计分析比较，可以找出生产过程的质量规律，从而对工程产品的质量状况进行判断，找出工程中存在的问题和问题缠身的原因，然后再有针对性地找出解决问题的具体措施，从而有效解决工程中出现的质量问题，保证工程质量符合要求。

### 一、工程质量数据

质量数据是用以描述工程质量特征性能的数据。它是进行质量控制的基础，如果没有相关的质量数据，那么科学的现代化质量控制就不会出现。

#### (一)质量数据的收集

质量数据的收集总的要求应当是随机地抽样，即整批数据中每一个数据都有被抽到的同样机会。常用的方法有随机法、系统抽样法、二次抽样法和分层抽样法。

#### (二)质量数据的特征

为了进行统计分析和运用特征数据对质量进行控制，经常要使用许多统计特征数据。

统计特征数据主要有均值、中位数、极值、极差、标准偏差、变异系数。其中，均值、中位数表示数据集中的位置；极差、标准偏差、变异系数表示数据的波动情况，即分散程度。

#### (三)质量数据的分类

根据不同的分类标准，可以将质量数据分为不同的种类。

按质量数据所具有的特点，可以将其分为计量值数据和计数值数据；按其收集目的可分为控制性数据和验收性数据。

#### 1. 按质量数据的特点分类

(1)计数值数据

计数值数据是不连续的离散型数据。如不合格品数、不合格的构件数等，这些反映质量状况的数据是不能用量测器具来度量的，采用计数的办法，只能出现0、1、2等非负数的整数。

(2)计量值数据

计量值数据是可连续取值的连续型数据。如长度、重量、面积、标高等质量特征，一般都是可以用量测工具或仪器等量测，一般都带有小数。

#### 2. 按质量数据收集的目的分类

(1)控制性数据

控制性数据一般是以工序作为研究对象，是为分析、预测施工过程是否处于稳定状态而定期随机地抽样检验获得的质量数据。

(2)验收性数据

验收性数据是以工程的最终实体内容为研究对象，以分析、判断其质量是否达到技术标准或用户的要求，而采取随机抽样检验获取的质量数据。

### (四)质量数据的波动

在工程施工过程中常可看到在相同的设备、原材料、工艺及操作人员条件下，生产的同一种产品的质量不同，反映在质量数据上，即具有波动性，其影响因素有偶然性因素和系统性因素两大类。

#### 1. 偶然性因素造成的质量数据波动

偶然性因素引起的质量数据波动属于正常波动，偶然因素是无法或难以控制的因素，所造成的质量数据的波动量不大，没有倾向性，作用是随机的，工程质量只有偶然因素影响时，生产才处于稳定状态。

2. 系统性因素造成的质量数据波动

由系统因素造成的质量数据波动属于异常波动，系统因素是可控制、易消除的因素，这类因素不经常发生，但具有明显的倾向性，对工程质量的影响较大。

质量控制的目的就是要找出出现异常波动的原因，即系统性因素是什么，并加以排除，使质量只受随机性因素的影响。

## 二、质量控制的统计方法

通过对质量数据的收集、整理和统计分析，找出质量的变化规律和存在的质量问题，提出进一步的改进措施，这种运用数学工具进行质量控制的方法是所有涉及质量管理的人员所必须掌握的，它可以使质量控制工作定量化和规范化。在质量控制中常用的数学工具及方法主要有以下几种。

### （一）排列图法

排列图法又叫做巴雷特法、主次排列图法，是分析影响质量主要问题的有效方法，将众多的因素进行排列，主要因素就会令人一目了然，如图 3-1 所示。

排列图法由一个横坐标、两个纵坐标、几个长方形和一条曲线组成。左侧的纵坐标是频数或件数，右侧的纵坐标是累计频率，横轴则是项目或因素，按项目频数大小顺序在横轴上自左而右画长方形，其高度为频数，再根据右侧的纵坐标画出累计频率曲线，该曲线又叫做巴雷特曲线。

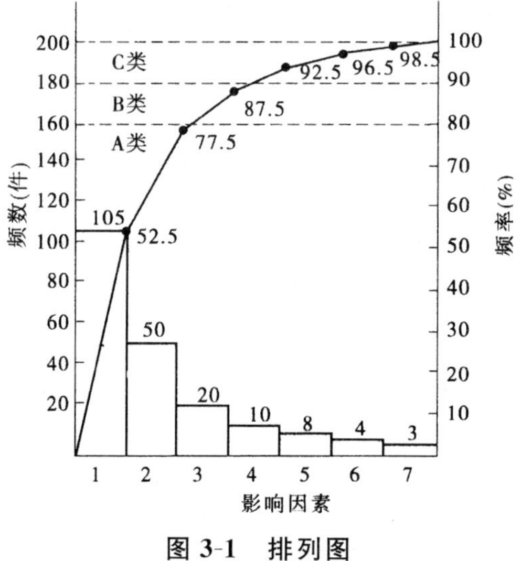


图 3-1　排列图

### (二)直方图法

直方图法又叫做频率分布直方图,它们将产品质量频率的分布状态用直方图形来表示,根据直方图形的分布形状和与公差界限的距离来观察、探索质量分布规律,分析和判断整个生产过程是否正常。

利用直方图可以制定质量标准,确定公差范围,可以判明质量分布情况是否符合标准的要求。

#### 1. 直方图的分布形式

直方图主要有六种分布形式,如图 3-2 所示。

(1)锯齿型,如图 3-2(a)所示,通常是由于分组不当或是组距确定不当而产生的。

(2)正常型,如图 3-2(b)所示,说明产品生产过程正常,并且质量稳定。

(3)绝壁型,如图 3-2(c)所示,一般是剔除下限以下的数据造成的。

(4)孤岛型,如图 3-2(d)所示,一般是由于材质发生变化或他人临时替班所造成的。

(5)双峰型,如图 3-2(e)所示,主要是将两种不同的设备或工艺的数据混在一起所造成的。

(6)平顶型,如图 3-2(f)所示,生产过程中有缓慢变化的因素是产生这种分布形式的主要原因。

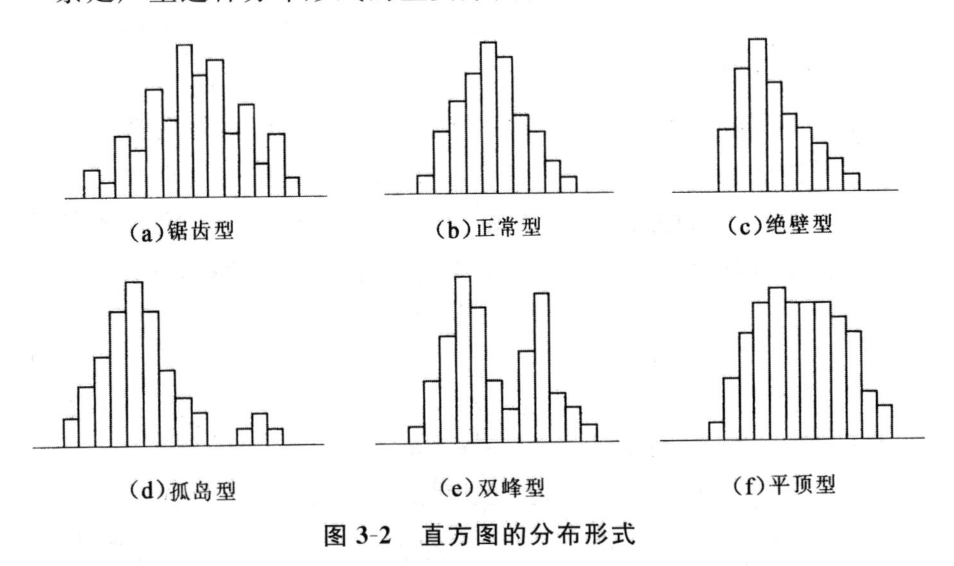


图 3-2　直方图的分布形式

2. 使用直方图需要注意的问题

(1)直方图是一种静态的图像,因此不能够反映出工程质量的动态变化。

(2)画直方图时要注意所参考数据的数量,不能太少,一般应大于 50 个数据,否则画出的直方图难以正确反映总体的分布状态。

(3)直方图呈正态分布时,可求平均值和标准差。

(4)直方图出现异常时,应注意将收集的数据分层,然后画直方图。

**(三)相关图法**

产品质量与影响质量的因素之间具有一定的联系,但不一定是严格的函数关系，这种关系叫做相关关系，可利用直角坐标系将两个变量之间的关系表达出来。相关图的形式有正相关、负相关、非线性相关和无相关。此外还有调查表法、分层法等。

### （四）因果分析图法

因果分析图也叫鱼刺图、树枝图，这是一种逐步深入研究和讨论质量问题的图示方法。

在工程建设过程中，任何一种质量问题的产生，一般都是多种原因造成的，这些原因有大有小，把这些原因按照大小顺序分别用主干、大枝、中枝、小枝来表示，这样，就可一目了然地观察出导致质量问题的原因，并以此为据，制定相应对策，如图 3-3 所示。

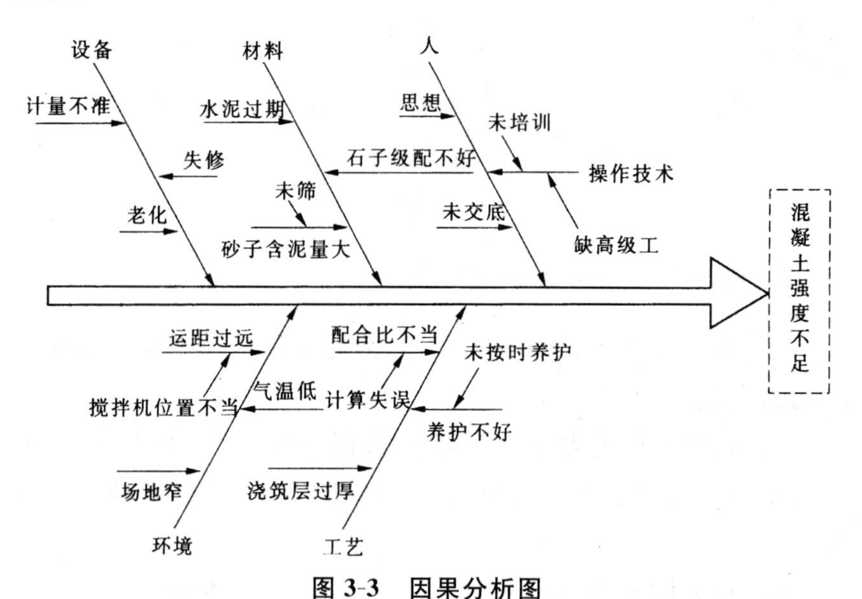


图 3-3　因果分析图

### （五）管理图法

管理图也可以叫做控制图，它是反映生产过程随时间变化而变化的质量动态，即反映生产过程中各个阶段质量波动状态的图形，如图 3-4 所示。管理图利用上下控制界限，将产品质量特性控制在正常波动范围内，如果工程质量出现问题就可以通过管理图发现，进而及时制定措施进行处理。

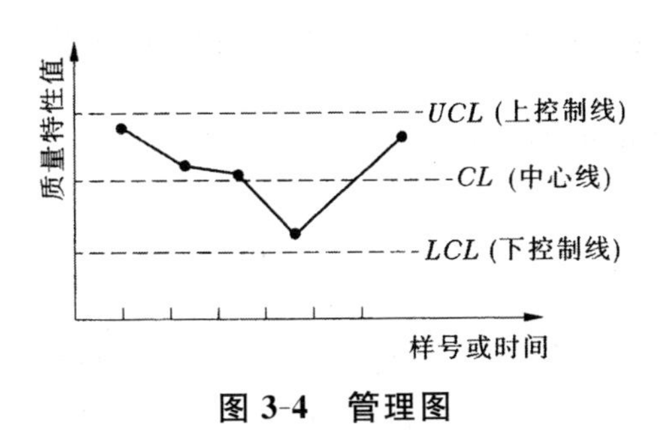


图 3-4　管理图

## 第四节　水利工程施工项目质量管理的评定与验收

工程质量评定是依据国家或部门统一制定的现行标准和方法，对照具体施工项目的质量结果，确定其质量等级的过程。

建设工程质量验收是对已完工的工程实体的外观质量及内在质量按规定程序检查后，确认其是否符合设计及各项验收标准的要求的过程，是判断可交付使用的一个重要环节。工程单位应严格按照国家相关行政管理部门对各类工程项目的质量验收标准制定规范的要求，正确地进行工程项目质量的检查评定和验收。

### 一、水利工程施工项目质量管理的评定

#### (一)质量评定的依据

水利工程施工项目质量管理评定的依据主要有以下几个方面。

(1)国家与水利水电部门有关行业规程、规范和技术标准。

(2)工程合同采用的技术标准。

(3)经批准的设计文件、施工图纸、设计修改通知、厂家提供的设备安装说明书及有关技术文件。

(4)工程试运行期间的试验及观测分析成果。

### (二)质量评定的标准

#### 1. 单元工程质量评定标准

单元工程质量等级要按照《评定标准》进行。当单元工程质量达不到合格标准时,必须及时处理,其质量等级需要按照如下标准进行确定:

(1)全部返工重做的,可重新评定等级。

(2)经加固补强并经过鉴定能达到设计要求的,其质量只能评定为合格。

(3)经鉴定达不到设计要求,但建设(监理)单位认为能基本满足安全和使用功能要求的,可不补强加固;或是在经过补强加固之后,改变外形尺寸或造成永久缺陷的,经建设(监理)单位认为能基本满足设计要求,其质量可以按照合格进行处理。

#### 2. 分部工程质量评定标准

分部工程质量合格的条件主要有两个。

(1)单元工程质量全部合格。

(2)中间产品质量及原材料质量全部合格,金属结构及启闭机制造质量合格,机电产品质量合格。

分部工程质量优良的条件主要有两个。

(1)单元工程质量全部合格,其中有50%以上达到优良,主要单元工程、重要隐蔽工程及关键部位的单位工程质量优良,且未发生过质量事故。

(2)中间产品质量全部合格,其中混凝土拌和物质量达到优良,原材料质量、金属结构及启闭机制造质量合格,机电产品质量合格。

3. 单位工程质量评定标准

单位工程质量合格的条件有以下几方面。

(1)分部工程质量全部合格。

(2)中间产品质量及原材料质量全部合格,金属结构及启闭机制造质量合格,机电产品质量合格。

(3)外观质量得分率达70%以上。

(4)施工质量检验资料基本齐全。

单位工程质量优良的条件有以下几方面。

(1)分部工程质量全部合格,其中有80%以上达到优良,主要分部工程质量优良,且未发生过重大质量事故。

(2)中间产品质量全部合格,其中混凝土拌和物质量达到优良,原材料质量、金属结构及启闭机制造质量合格,机电产品质量合格。

(3)外观质量得分率达85%以上。

(4)施工质量检验资料齐全。

4. 工程质量评定标准

单位工程质量如果是全部合格,那么工程质量就可以评定为合格。如果其中50%以上的单位工程都是优良,并且主要的建筑物单位工程质量也是优良,那么整个工程质量就可以评定为优良。

## (三)质量评定的意义

工程质量评定是依据国家或部门统一制定的现行标准和方法,对照具体施工项目的质量结果,确定其质量等级的过程。水利水电工程按《水利水电工程施工质量评定规程》(SL176-1996)(简称《评定标准》)执行。其意义在于统一评定标准和方法,正确反映工程的质量,使之具有可比性,同时也考核企业等级和技术水平,促进施工企业提高质量。

工程质量评定以单元工程质量评定为基础，其评定的先后次序是单元工程、分部工程和单位工程。

工程质量的评定在施工单位（承包商）自评的基础上，由建设（监理）单位复核，报政府质量监督机构核定。

## 二、水利工程施工项目质量管理的验收

### （一）质量验收概述

工程验收是在工程质量评定的基础上，依据一个既定的验收标准，采取一定的手段来检验工程产品的特性是否满足验收标准的过程。水利水电工程验收分为分部工程验收、阶段验收、单位工程验收和竣工验收。按照验收的性质，可分为投入使用验收和完工验收。

#### 1. 工程验收的依据

工程验收的依据有：有关法律、规章和技术标准，主管部门有关文件，批准的设计文件及相应设计变更、修设文件，施工合同，监理签发的施工图纸和说明，设备技术说明书等。

当工程具备验收条件时，应及时组织验收。未经验收或验收不合格的工程不得交付使用或进行后续工程施工。验收工作应相互衔接，不应重复进行。

#### 2. 工程验收的目的

工程验收的目的有：①检查工程是否按照批准的设计进行建设；②检查已完工程在设计、施工、设备制造安装等方面的质量，并对验收遗留问题提出处理要求；③检查工程是否具备运行或进行下一阶段建设的条件；④总结工程建设中的经验教训，并对工程作出评价；及时移交工程，尽早发挥投资效益。

3. 质量评定意见

工程进行验收时必须要有质量评定意见。阶段验收和单位工程验收应有水利水电工程质量监督单位的工程质量评价意见;竣工验收必须有水利水电工程质量监督单位的工程质量评定报告,竣工验收委员会在其基础上鉴定工程质量等级。

## (二)质量验收的事项

1. 分部工程验收

(1)分布工程验收条件

在进行分部工程验收时,需要具备一定的条件,即该分部工程的所有单元工程已经完建且质量全部合格。

(2)分部工程验收的工作

鉴定工程是否达到设计标准;按现行国家或行业技术标准,评定工程质量等级;对验收遗留问题提出处理意见。分部工程验收的图纸、资料和成果是竣工验收资料的组成部分。

2. 阶段验收

(1)阶段验收的条件

根据工程建设需要,当工程建设达到一定关键阶段时(如基础处理完毕、截流、水库蓄水、机组启动、输水工程通水等),应进行阶段验收。

(2)阶段验收的工作

检查已完工程的质量和形象面貌;检查在建工程建设情况;检查待建工程的计划安排和主要技术措施落实情况,以及是否具备施工条件;检查拟投入使用工程是否具备运用条件;对验收遗留问题提出处理要求。

### 3. 完工验收

(1)完工验收的条件

完工验收应具备的条件是所有分部工程已经完建并验收合格。

(2)完工验收的工作

检查工程是否按批准设计完成;工程质量,评定质量等级,对工程缺陷提出处理要求;对验收遗留问题提出处理要求;按照合同规定,施工单位向项目法人移交工程。

### 4. 竣工验收

工程在投入使用前必须通过竣工验收。竣工验收应在全部工程完建后3个月内进行。进行验收确有困难的,经工程验收主持单位同意,可以适当延长期限。

(1)竣工验收的条件

工程已按批准设计规定的内容全部建成;各单位工程能正常运行;历次验收所发现的问题已基本处理完毕;归档资料符合工程档案资料管理的有关规定;工程建设征地补偿及移民安置等问题已基本处理完毕,工程主要建筑物安全保护范围内的迁建和工程管理土地征用已经完成;工程投资已经全部到位;竣工决算已经完成并通过竣工审计。

(2)竣工验收的工作

审查项目法人"工程建设管理工作报告"和初步验收工作组"初步验收工作报告",检查工程建设和运行情况,协调处理有关问题,讨论并通过"竣工验收鉴定书"。

# 第四章　水利工程施工项目成本管理研究

施工成本的管理关系工程费用的控制及工程施工进度等诸多环节。针对水利工程投资多、规模庞大、建筑物及设备种类繁多的特点，成本管理是项目管理的核心工作。通过工程预算分解、动态资金管理以及基础管理等方面，施工单位要加强施工中各项费用的控制、减少浪费以及不必要的支出，增加经济效益，提高市场竞争力。

## 第一节　水利工程施工项目成本管理概述

### 一、施工项目成本的概念

施工项目成本是指建筑施工企业完成单位施工项目所发生的全部生产费用的总和，包括完成该项目所发生的人工费、材料费、施工机械费、措施项目费、管理费，如表 4-1 所示。但是不包括利润和税金，也不包括构成施工项目价值的一切非生产性支出。

表 4-1 施工项目的成本构成

| | | |
|---|---|---|
| 直接成本 | 直接工程费 | 人工费 |
| | | 材料费 |
| | | 施工机械使用费 |
| | 措施费 | 环境保护费、文明施工费、安全施工费 |
| | | 临时设施费、夜间施工费、二次搬运费 |
| | | 大型机械设备进出场及安装费 |
| | | 混凝土、钢筋混凝土模板及支架费 |
| | | 脚手架费、已完成工程及设备保护费、施工排水费、降水费 |
| 间接成本 | 规费 | 工程排污费、工程定额测定费、住房公积金 |
| | | 社会保障费，包括养老、失业、医疗保险费 |
| | | 危险作业意外伤害保险费 |
| | 企业管理费 | 管理人员工资、办公费、差旅交通费、工会经费 |
| | | 固定资产使用费、工具用具使用费、劳动保险费 |
| | | 职工教育经费、财产保险费、财务费 |
| | | 税金，包括房产税、车船使用税、土地使用税、印花税 |

## 二、施工项目成本的主要形式

### (一)直接成本和间接成本

施工项目成本按照生产费用计入成本的方法可分为直接成本和间接成本。直接成本是指直接用于并能够直接计入施工项目的费用，如人工工资、材料费用等。间接成本是指不能够直接计入施工项目的费用，只能按照一定的计算基数和一定的比例分配计入施工项目的费用，如管理费、规费等。

### (二)固定成本和变动成本

施工项目成本按照生产费用与产量的关系可分为固定成本

和变动成本。固定成本是指在一定期间和一定工程量的范围内，成本的数量不会随工程量的变动而变动，如折旧费、大修费等。变动成本是指成本的发生会随工程量的变化而变动的费用，如人工费、材料费等。

### （三）预算成本、计划成本和实际成本

施工项目成本按照控制的目标，从发生的时间可分为预算成本、计划成本和实际成本。

预算成本是根据施工图结合国家或地区的预算定额及施工技术等条件计算出的工程费用。它是确定工程造价的依据，也是施工企业投标的依据，同时也是编制计划成本和考核实际成本的依据，它反映的是一定范围内的平均水平。

计划成本是施工项目经理在施工前，根据施工项目成本管理目的，结合施工项目的实际管理水平编制的计算成本。它有利于加强项目成本管理、建立健全施工项目成本责任制，控制成本消耗，提高经济效益。它反映的是企业的平均先进水平。

实际成本是施工项目在报告期内通过会计核算计算出的项目的实际消耗。

## 三、施工成本管理的基本内容

施工项目成本管理包括成本预测和决策、成本计划编制、成本计划实施、成本核算、成本检查、成本分析以及成本考核。成本计划的编制与实施是关键的环节。因此，在进行施工项目成本管理的过程中，必须具体研究每一项内容的有效工作方式和关键控制措施，从而取得施工项目整体的成本控制效果。

### （一）施工项目成本预测

施工项目成本预测是根据一定的成本信息结合施工项目的具体情况，采用一定的方法对施工项目成本可能发生或发展的

趋势作出的判断和推测。成本决策则是在预测的基础上确定出降低成本的方案,并从可选的方案中选择最佳的成本方案。

成本预测的方法有定性预测法和定量预测法。

1. 定性预测法

定性预测是指具有一定经验的人员或有关专家依据自己的经验和能力水平对成本未来发展的态势或性质作出分析和判断。该方法受人为因素影响很大,并且不能量化,具体包括专家会议法、专家调查法(德尔斐法)、主管概率预测法。

2. 定量预测法

定量预测法是指根据收集的比较完备的历史数据,运用一定的方法计算分析,以此来判断成本变化的情况。此法受历史数据的影响较大,可以量化,具体包括移动平均法、指数滑移法、回归预测法。

### (二)施工项目成本计划

计划管理是一切管理活动的首要环节,施工项目成本计划是在预测和决策的基础上对成本的实施作出计划性的安排和布置,是施工项目降低成本的指导性文件。

制定施工项目成本计划的原则:

1. 从实际出发

根据国家的方针政策,从企业的实际情况出发,充分挖掘企业内部潜力,使降低成本指标切实可行。

2. 与其他目标计划相结合

制定工程项目成本计划必须与其他各项计划(如施工方案、生产进度、财务计划等)密切结合。一方面,工程项目成本计划要根据项目的生产、技术组织措施、劳动工资、材料供应等计划来编制;另一方面,工程项目成本计划又影响着其他种计划指标适应降低成本指标的要求。

3. 采用先进的经济技术定额的原则

根据施工的具体特点有针对地采取切实可行的技术组织措施来保证。

4. 统一领导、分级管理

在项目经理的领导下,以财务和计划部门为中心,发动全体职工共同总结降低成本的经验,找出降低成本的正确途径。

5. 弹性原则

应留有充分的余地,保持目标成本的一定弹性。在制定期内,项目经理部内外技术经济状况和供销条件会发生一些未预料的变化,尤其是供应材料,市场价格千变万化,给目标的制定带来了一定的困难,因而在制定目标时应充分考虑这些情况,使成本计划保持一定的适应能力。

## (三)施工项目成本控制

成本控制包括事前控制、事中控制和事后控制。成本计划属于事前控制,此处所讲的控制是指项目在施工过程中,通过一定的方法和技术措施,加强对各种影响成本的因素进行管理,将施工中所发生的各种消耗和支出尽量控制在成本计划内,属于事中控制。

1. 工程前期的成本控制(事前控制)

成本的事前控制是通过成本的预测和决策,落实降低成本措施,编制目标成本计划而层层展开的,分为工程投标阶段和施工准备阶段。

2. 实施期间成本控制(事中控制)

实施期间成本控制的任务是:建立成本管理体系;项目经理部应将各项费用指标进行分解,以确定各个部门的成本指标;加强成本的控制。事中控制要以合同造价为依据,从预算成本和实际成本两方面控制项目成本。实际成本控制应包括对主要工料的数量和单价、分包成本和各项费用等影响成本的主要因素进行控制。其中,主要是加强施工任务单和限额领料单的管理;将施工任务单和限额领料单的结算资料与施工预算进行核对,计算分部(分项)工程成本差异,分析差异原因,采取相应的纠偏措施;作好月度成本原始资料的收集和整理核算;在月度成本核算的基础上,实行责任成本核算。经常检查对外经济合同履行情况;定期检查各责任部门和责任者的成本控制情况,检查责、权、利的落实情况。

3. 竣工验收阶段的成本控制(事后控制)

事后控制主要是重视竣工验收工作,对照合同价的变化,将实际成本与目标成本之间的差距加以分析,进一步挖掘降低成本的潜力。其中主要是合理安排时间,完成工程竣工扫尾工程,把时间降到最低;重视竣工验收工作,顺利交付使用;及时办理工程结算;在工程保修期间,应由项目经理指定保修工作者,并责成保修工作者提交保修计划;将实际成本与计划成本进行比较,计算成本差异,明确是节约还是浪费;分析成本节约或超支的原因和责任归属。

**(四)施工项目成本核算**

施工项目成本核算是指对项目产生过程所发生的各种费用进行核算。它包括两个基本的环节:一是归集费用,计算成本实际发生额;二是采取一定的方法计算施工项目的总成本和单位成本。

1. 施工项目成本核算的对象

(1)一个单位工程由几个施工单位共同施工,各单位都应以同一单位工程作为成本核算对象。

(2)规模大、工期长的单位工程可以划分为若干部位,以分部工程作为成本的核算对象。

(3)同一建设项目,由同一施工单位施工,并在同一施工地点,属于同一结构类型,开工、竣工时间相近的若干单位工程可以合并作为一个成本核算对象。

(4)改、扩建的零星工程可以将开工、竣工时间相近且属于同一个建设项目的各单位工程合并成一个成本核算对象。

(5)土方工程、打桩工程可以根据实际情况,以一个单位工程为成本核算对象。

2. 工程项目成本核算的基本框架

工程项目成本核算的基本框架如表 4-2 所示。

**表 4-2　工程项目成本核算的基本框架**

| | |
|---|---|
| **人工费核算** | 内包人工费 |
| | 外包人工费 |
| **材料费核算** | 编制材料消耗汇总表 |
| **周转材料费核算** | 实行内部租赁制 |
| | 项目经理部与出租方按月结算租赁费 |
| | 周转材料进出时,加强计量验收制度 |
| | 租用周转材料的进退场费,按照实际发生数,由调入方负担 |
| | 对 u 形卡、脚手架等零件,在竣工验收时进行清点,按实际情况计入成本 |
| | 实行租赁制周转材料不再分配负担周转材料差价 |

续表

| | |
|---|---|
| 结构件费核算 | 按照单位工程使用对象编制结构耗用月报表 |
| | 结构单价以项目经理部与外加工单位签定合同为准 |
| | 结构件耗用的品种和数量应与施工产值相对应 |
| | 结构件的高进、高出价差核算同材料费的高进、高出价差核算一致 |
| | 如发生结构件的一般价差，可计入当月项目成本 |
| | 部位分项分包，按照企业通常采用的类似结构件管理核算方法 |
| | 在结构件外加工和部位分项分包施工过程中，尽量获取经营利益或转嫁压价让利风险所产生的利益 |
| 机械使用费核算 | 机械设备实行内部租赁制 |
| | 租赁费根据机械使用台班、停用台班和内部租赁价计算，计入项目成本 |
| | 机械进出场费，按规定由承租项目承担 |
| | 各类大中小型机械，其租赁费全额计入项目机械成本 |
| | 结算原始凭证由项目指定人签证开班和停班数，据以结算费用 |
| | 向外单位租赁机械，按当月租赁费用金额计入项目机械成本 |
| 其他直接费核算 | 材料二次搬运费 |
| | 临时设施摊销费 |
| | 生产工具用具使用费 |
| | 除上述费用外其他直接费均按实际发生的有效结算凭证计入项目成本 |
| 施工间接费核算 | 要求以项目经理部为单位编制工资单和奖金单列支工作人员薪金 |
| | 劳务公司所提供的炊事人员、服务人员、警卫人员承包服务费计入施工间接费 |
| | 内部银行的存贷利息，计入内部利息 |
| | 先在项目施工间接费总账归集，再按一定分配标准计入收益成本 |

续表

| | |
|---|---|
| 分包工程成本核算 | 包清工工程，纳入外包人工费内核算 |
| | 部分分项分包工程，纳入结构件费内核算 |
| | 双包工程 |
| | 机械作业分包工程 |
| | 项目经理部应增设分建成本项目，核算双包工程、机械作业分包工程成本状况 |

### (五)施工项目成本分析

施工项目成本分析就是在成本核算的基础上采用一定的方法，对所发生的成本进行比较分析，检查成本发生的合理性，找出成本的变动规律，寻求降低成本的途径，主要有对比分析法、连环替代法、差额计算法和挣值法。

1. 对比分析法

对比分析法是通过实际完成成本与计划成本或承包成本进行对比，找出差异，分析原因以便改进。这种方法简单易行，但注意比较指标的内容要保持一致。

2. 连环替代法

连环替代法可用来分析各种因素对成本形成的影响。例如，某工程的材料成本资料如表 4-3 所示。分析的顺序是：先绝对量指标，后相对量指标；先实物量指标，后货币量指标。

3. 差额计算法

差额计算法是因素分析法的简化。仍按表 4-3 计算，其结果如表 4-4 所示。

由于工程量增加使成本增加

$$(110-100)\times320\times40=12\ 800(元)$$

由于单位耗量节约使成本降低

$$(310-320)\times110\times40=-44\ 000(元)$$

**表 4-3　材料成本资料**

| 项目 | 单位 | 计划 | 实际 | 差异 | 差异率 |
|---|---|---|---|---|---|
| 工程量 | $m^3$ | 100 | 110 | +10 | +10.0 |
| 单位材料消耗量 | kg | 320 | 310 | −10 | −3.1 |
| 材料单价 | 元/kg | 40 | 42 | +2.0 | +5.0 |
| 材料成本 | 元 | 1 280 000 | 1 432 200 | +152 200 | +12.0 |

**表 4-4　材料成本影响因素分析法**

| 计算顺序 | 替换因素 | 影响成本的变动因素 | | | 成本（元） | 与前一次差异（元） | 差异原因 |
|---|---|---|---|---|---|---|---|
| | | 工程量（$m^3$） | 单位材料消耗量（$kg/m^3$） | 单价（元/kg） | | | |
| ①替换基数 | | 100 | 320 | 40.0 | 1 280 000 | | |
| ②一次替换 | 工程量 | 110 | 320 | 40.0 | 1 408 000 | 128 000 | 工程量增加 |
| ③二次替换 | 单耗量 | 110 | 310 | 40.0 | 1 364 000 | −44 000 | 单位耗量节约 |
| ④三次替换 | 单价 | 110 | 310 | 42.0 | 1 432 200 | 68 200 | 单价提高 |
| 合计 | | | | | | 15 200 | |

由于单价提高使成本增加

$$(42-40)\times110\times310=68\ 200(元)$$

4. 挣值法

挣值法主要用来分析成本目标实施与期望之间的差异，是一种偏差分析方法，其分析过程如下。

(1)明确三个关键变量

项目计划完成工作的预算成本 BCWS(BCWS＝计划工作量×预算定额)；项目已完成工作的实际成本 ACWP(ACWP)，

项目已完成的预算成本 BCWP(BCWP＝已完成工作量×该工作量的预算定额)。

(2)两种偏差的计算

项目成本偏差 $C_V$＝BCWP－ACWP。当 $C_V$ 大于零时，表明项目实施处于节支状态；当 $C_V$ 小于零时，表明项目实施处于超支状态。项目进度偏差 $S_V$＝BCWP－BCWS。当 $S_V$ 大于零时，表明项目实施超过进度计划；当 $S_V$ 小于零时，表明项目实施落后于计划进度。

(3)两个指数变量

计划完工指数 SCI＝BCWP/BCWS。当 SCI 大于 1 时，表明项目实际完成的工作量超过计划工作量；当 SCI 小于 1 时，表明项目实际完成的工作量少于计划工作量。

成本绩效指数 CPI＝BCWP/ACWP。当 CPI 大于 1 时，表明实际成本多于计划成本，资金使用率较低；当 CPI 小于 1 时，表明实际成本少于计划成本，资金使用率较高。

### (六)成本考核

成本考核就是在施工项目竣工后，对项目成本的负责人考核其成本完成情况，以做到有奖有罚，避免“吃大锅饭”，以提高职工的劳动积极性。

施工项目成本考核的目的是通过衡量项目成本降低的实际成果，对成本指标完成情况进行总结和评价。

施工项目成本考核应分层进行，企业对项目经理部进行成本管理考核，项目经理部对项目部内部各作业队进行成本管理考核。

施工项目成本考核的内容是既要对计划目标成本的完成情况进行考核，又要对成本管理工作业绩进行考核。

施工项目成本考核的要求如下。

①企业对项目经理部考核的时候，以责任目标成本为依据。

②项目经理部以控制过程为考核重点。

③成本考核要与进度、质量、安全指标的完成情况相联系。

④应形成考核文件，为对责任人进行奖罚提供依据。

## 第二节　水利工程施工项目成本控制的方法研究

在施工项目成本控制过程中，因为一些因素的影响会发生一定的偏差，所以应采取相应的措施、方法进行纠偏。

### 一、施工项目成本控制的原则

(1)以收定支的原则。

(2)全面控制的原则。

(3)动态性原则。

(4)目标管理原则。

(5)例外性原则。

(6)责、权、利、效相结合的原则。

### 二、施工项目成本控制的依据

(1)工程承包合同。

(2)施工进度计划。

(3)施工项目成本计划。

(4)各种变更资料。

### 三、施工项目成本控制步骤

(1)比较施工项目成本计划与实际的差值，确定是节约还是超支。

(2)分析节约还是超支的原因。

(3)预测整个项目的施工成本,为决策提供依据。

(4)施工项目成本计划在执行的过程中出现偏差,采取相应的措施加以纠正。

(5)检查成本完成情况,为今后的工作积累经验。

### (一)计划控制

计划控制是用计划的手段对施工项目成本进行控制。施工项目成本预测和决策为成本计划的编制提供依据。编制成本计划首先要设计降低成本技术组织措施,然后编制降低成本计划,将承包成本额降低而形成计划成本,成为施工过程中成本控制的标准。

成本计划编制方法有以下两种。

#### 1. 常用方法

在概预算编制能力较强,定额比较完备的情况下,特别是施工图预算与施工预算编制经验比较丰富的企业,施工项目成本目标可由定额估算法产生。施工图预算反映的是完成施工项目任务所需的直接成本和间接成本,它是招标投标中编制标底的依据,也是施工项目考核经营成果的基础。施工预算是施工项目经理部根据施工定额制定的,作为内部经济核算的依据。

过去,通常以两算(概算、预算)对比差额与技术措施带来的节约额来估算计划成本的降低额,其计算公式为:

计划成本降低额＝两算对比差额＋技术措施节约额

#### 2. 计划成本法

施工项目成本计划中计划成本的编制方法通常有以下几种。

(1)施工预算法。

计算公式为:

计划成本＝施工预算成本－技术措施节约额

(2)技术措施法。

计算公式为：

计划成本＝施工图预算成本－技术措施节约额

(3)成本习性法。

计算公式为：

计划成本＝施工项目变动成本＋施工项目固定成本

(4)按实计算法。

施工项目部以该项目的施工图预算的各种消耗量为依据，与成本计划相结合降低目标成本结合成本计划降低目标，由各职能部门结合本部门的实际情况，分别计算各部门的计划成本，最后汇总项目的总计划成本。

### (二)预算控制

预算控制是在施工前根据一定的标准(如定额)或者要求(如利润)计算的买卖(交易)价格，在市场经济中也可以叫作估算或承包价格。它作为一种收入的最高限额，减去预期利润，便是工程预算成本数额，也可以用来作为成本控制的标准。用预算控制成本可分为两种类型：一是包干预算，即一次性包死预算总额，不论中间有何变化，成本总额不予调整；二是弹性预算，即先确定包干总额，但是可根据工程的变化进行商洽，作出相应的变动。我国目前大部分是弹性预算控制。

### (三)会计控制

会计控制是指以会计方法为手段，以记录实际发生的经济业务及证明经济业务的合法凭证为依据，对成本的支出进行核算与监督，从而发挥成本控制作用。会计控制方法系统性强、严格、具体、计算准确、政策性强，是理想的也是必须的成本控制方法。

### (四)制度控制

制度是对例行活动应遵行的方法、程序、要求及标准作出的规定。成本的控制制度就是通过制定成本管理的制度，对成本控制作出具体的规定，作为行动的准则，约束管理人员和工人，达到控制成本的目的。如成本管理责任制度、技术组织措施制度、成本管理制度、定额管理制度、材料管理制度、劳动工资管理制度、固定资产管理制度等，都与成本控制关系非常密切。

在施工项目成本管理中，上述手段应同时进行并综合使用，不应孤立地使用某一种控制手段。

## 四、施工项目成本的常用控制方法

### (一)偏差分析法

在施工成本控制中，把已完工程成本的实际值与计划值的差异称为施工项目成分偏差，即：

施工项目成本偏差＝已完工程实际成本－已完工程计划成本

若计算结果为正数，表示施工项目成本超支；否则，为节约。

该方法为事后控制的一种方法，也可以说是成本分析的一种方法。

### (二)以施工图预算控制成本

采用此法时，要认真分析企业实际的管理水平与定额水平之间的差异，否则达不到控制成本的目的。

1. 人工费控制

项目经理与施工作业队签定劳动合同时，应该将人工费单价定得低一些，其余的部分可以用于定额外人工费和关键工序的奖励费。这样，人工费就不会超支，而且还留有余地，以备关键工序之需。

2. 材料费的控制

按“量价分离”方法计算工程造价的条件下，水泥、钢材、木材的价格由市场价格而定，实行高进高出，即地方材料的预算价格＝基准价×(1＋材差系数)。由于材料价格随市场价格变动频繁，所以项目材料管理人员必须经常关注材料市场价格的变动，并积累详细的市场信息。

3. 周转设备使用费的控制

施工图预算中的周转设备使用费＝耗用数×市场价格，而实际发生的周转设备使用费等于企业内部的租赁价格或摊销率，由于两者计算方法不同，只能以周转设备预算费的总量来控制实际发生的周转设备使用费的总量。

4. 施工机械使用费的控制

施工图预算中的机械使用费＝工程量×定额台班单价。由于施工项目的特殊性，实际的机械使用率不可能达到预算定额的取定水平；加上机械的折旧率又有较大的滞后性，往往使施工图预算的施工机械使用费小于实际发生的机械使用费。在这种情况下，就可以用施工图预算的机械使用费和增加的机械费补贴来控制机械费的支出。

5. 构件加工费和分包工程费的控制

在市场经济条件下，混凝土构件、金属构件、木制品和成型钢筋的加工，以及相关的打桩、吊装、安装、装饰和其他专项工程的分包，都要以经济合同来明确双方的权利和义务。签订这些合同的时候绝不允许合同金额超过施工图预算。

### (三)以施工预算控制成本消耗

以施工过程中的各种消耗量,包括人工工日、材料消耗、机械台班消耗量为控制依据,施工图预算所确定的消耗量为标准,人工单价、材料价格、机械台班单价按照承包合同所确定的单价为控制标准。该方法由于所选的定额是企业定额,它反映企业的实际情况,控制标准相对能够结合企业的实际,比较切实可行。具体的处理方法如下:

(1)项目开工以前,编制整个工程项目的施工预算作为指导和管理施工的依据。

(2)对生产班组的任务安排,必须签发施工任务单和限额领料单,并向生产班组进行技术交底。

(3)任务单和限额领料单在执行过程中,要求生产班组根据实际完成的工程量和实际消耗人工、实际消耗材料作好原始记录,作为施工任务单和限额领料单结算的依据。

(4)在任务完成后,根据回收的施工任务单和限额领料单进行结算,并按照结算内容支付报酬。

## 第三节　水利工程施工项目成本降低的措施研究

降低施工项目成本应该从加强施工管理、技术管理、劳动工资管理、机械设备管理、材料管理、费用管理以及正确划分成本中心,使用先进的成本管理方法和考核手段入手,制定既开源又节流方针,从两个方面来降低施工项目成本,如果只开源不节流,或者只节流不开源,都不太可能达到降低成本的目的,至少是不会有理想的降低成本效果。

## 一、认真会审图纸，积极提出修改意见

在项目建设过程中，施工单位必须按图施工。但是，图纸是由设计单位按照用户要求和项目所在地的自然地理条件(如水文地质情况等)设计的，施工单位应该在满足用户要求和保证工程质量的前提下，联系项目施工的主客观条件，对设计图纸进行认真的会审，并提出积极的修改意见，在取得用户和设计单位的同意后，修改设计图纸，同时办理增减账。

在会审图纸的时候，对于结构复杂、施工难度高的项目，更要加倍认真，并且要从方便施工，有利于加快工程进度和保证工程质量，又能降低资源消耗、增加工程收入等方面综合考虑，提出有科学根据的合理化建议，争取业主、监理单位、设计单位的认同。

## 二、加强合同预算管理，增创工程预算收入

### (一)深入研究招标文件、合同内容，正确编制施工图预算

在编制施工图预算的时候，要充分考虑可能发生的成本费用，将其全部列入施工图预算，然后通过工程款结算向甲方取得补偿。

### (二)把合同规定的“开口”项目，作为增加预算收入的重要方面

一般来说，按照设计图纸和预算定额编制的施工图预算，必须受预算定额的制约，很少有灵活伸缩的余地；而“开口”项目的取费则有比较大的潜力，是项目增收的关键。

例：合同规定，待图纸出齐后，由甲乙双方共同制定加快工程进度、保证工程质量的技术措施，费用按实结算。按照这一规

定，项目经理和工程技术人员应该联系工程特点，充分利用自己的技术优势，采用先进的新技术、新工艺和新材料，经甲方签证后实施，这些措施，应符合以下要求：既能为施工提供方便，有利于加快施工进度，又能提高工程质量，还能增加预算收入。还有，如合同规定，预算定额缺项的项目，可由乙方参照相近定额，经监理工程师复核后报甲方认可。这种情况，在编制施工图预算时是常见的，需要项目预算员参照相近定额进行换算。在定额换算的过程中，预算员就可根据设计要求，充分发挥自己的业务技能，提出合理的换算依据，以此来摆脱原有的定额偏低的约束。

### （三）根据工程变更资料，及时办理增减账

由于设计、施工和业主使用要求等种种原因，工程变更是项目施工过程中经常发生的事情，是不以人们的意志为转移的。随着工程的变更，必然会带来工程内容的增减和施工工序的改变，从而也必然会影响成本费用的变更。因此，项目承包方应就工程变更对既定施工方法、机械设备使用、材料供应、劳动力调配和工期目标等的影响程度，以及为实施变更内容所需要的各种资源进行合理估价。及时办理增减账手续，并通过工程款结算从甲方取得补偿。

## 三、制定先进的、经济合理的施工方案

施工方案主要包括四项内容：施工方法的确定、施工机具的选择、施工顺序的安排和流水施工的组织。施工方案的不同，工期就会不同，所需机具也不同，因而发生的费用也会不同。因此，正确选择施工方案是降低成本的关键所在。

制定施工方案要以合同工期和项目要求为依据，联系项目的规模、性质、复杂程度、现场条件、装备情况、人员素质等因素综合考虑。可以同时制定几个施工方案，倾听现场施工人员的

意见，以便从中优选最合理、最经济的一个。

必须强调，施工项目的施工方案，应该同时具有先进性和可行性。如果只先进不可行，不能在施工中发挥有效的指导作用，那就不是最佳施工方案。

## 四、落实技术组织措施

落实技术组织措施，走技术与经济相结合的道路，以技术优势来取得经济效益，是降低项目成本的又一个关键。一般情况下，项目应在开工以前根据工程情况制定技术组织措施计划，作为降低成本计划的内容之一列入施工组织设计。在编制月度施工作业计划的同时，也可按照作业计划的内容编制月度技术组织措施计划。

为了保证技术组织措施计划的落实，并取得预期的效果，应在项目经理的领导下明确分工：由工程技术人员订措施，材料人员供材料，现场管理人员和生产班组负责执行，财务成本员结算节约效果，最后由项目经理根据措施执行情况和节约效果对有关人员实行奖励，形成落实技术组织措施的一条龙。

必须强调，在结算技术组织措施执行效果时，除要按照定额数据等进行理论计算外，还要做好节约实物的验收，防止“理论上节约、实际上超用”的情况发生。

## 五、组织均衡施工，加快施工进度

凡是按时间计算的成本费用，如项目管理人员的工资和办公费，现场临时设施费和水电费，以及施工机械和周转设备的租赁费等，在加快施工进度、缩短施工周期的情况下，都会有明显的节约。除此之外，还可从业主那里得到一笔相当可观的提前竣工奖。因此，加快施工进度也是降低项目成本的有效途径之一。

为了加快施工进度，将会增加一定的成本支出。例如：在组织两班制施工的时候，需要增加夜间施工的照明费、夜点费和工效损失费；同时，还将增加模板的使用量和租赁费。

因此，在签订合同时，应根据用户和赶工要求，将赶工费列入施工图预算。如果事先并未明确，而由用户在施工中临时提出的赶工要求，则应请用户签证，费用按实结算。

# 第五章 水利工程施工项目进度管理研究

水利工程的施工项目进度在很大程度上影响了水利工程的建设工期和施工成本，并对施工安全和施工质量产生着重要影响，因此，在对水利工程的施工管理中，对项目进度的管理也是一项非常重要的内容。本章将从水利工程施工项目进度管理的概述入手，对水利工程施工项目进度管理的概念、影响因素等做简要分析，并对项目进度管理的控制措施进行详细研究。

## 第一节 水利工程施工项目进度管理概述

水利工程施工管理水平对缩短水利工程建设工期、减少建设成本、提高施工质量都具有重要意义。水利工程施工的进度管理涉及到技术、经济等多个方面，贯穿整个施工项目过程。本节将对水利工程施工项目进度管理进行简要的介绍。

### 一、进度的含义

进度是指工程施工项目的实施过程中具体的进展情况，具体包括在项目实施过程中需要消耗的时间、劳动力、成本等。在一般情况下，应该选用项目任务的完成情况，如工程数量，来表示项目的实施结果。但是在实际操作中，很难找到一个恰当的指标来反应工程进度，因为工程实物进度往往会在实践中不断发生改变。

### (一)进度的概念

随着工程项目管理的发展,人们给进度也赋予了新的定义,进度的新含义认为,工程项目进度应该将工程项目的任务、工期、成本等有机地结合在一起,形成一个综合的指标,这样就可以全面反映工程项目的实际施工状况。

### (二)进度的指标

进度管理的对象是工程项目,主要包括工程项目结构图上从整体项目到各个工作包的各个单元。项目进度指标的确定对项目工程的进度表达、计算和控制都会产生重要的影响。在实际操作中,项目进度的指标主要包括以下几种。

#### 1. 时间

时间指标是指项目工程的持续时间,是一个非常重要的进度指标。一般情况下,人们会使用已经使用的工期和计划工期进行比较以确定工程完成进度。但是用时间作为进度的指标存在一定缺陷,那就是工程的进度不是平均的,也就是说,在一个工程的开始阶段和中间阶段,工程的施工速度是完全不一样的,这就导致工程的效率和速度不是一条直线,同时,在工程的施工过程中,往往存在停工、干扰等不可预测状况,因此工程的实际效率往往低于计划效率。

#### 2. 工程活动的结果状态数量

以工程活动的结果状态数量来描述工程的进度,一般针对专门领域,在专门领域,项目工程的生产对象和工程活动都很简单,工程活动的结果状态数量能明确地反映出施工的进度。

#### 3. 已完成工程的价值量

用已完成工程的价值量表示项目工程的施工进度是指用已

经完成的工作量所对应的合同价格或预算价格来描述项目工程的进度。已完成工程的价值量是运用非常广泛的一种进度指标。

4. 资源消耗

资源消耗指标包括劳动工时、机械台班、成本消耗等。资源消耗指标有较强的可比性，每个工程活动甚至整个项目部都可以将其作为衡量工程进度的指标，这样可以统一进度指标分析尺度。

## 二、施工项目进度管理的概念

在研究了进度的概念之后，我们可以进一步对施工项目进度管理的概念进行分析。

### (一)施工项目进度管理

1. 施工项目进度管理的概念

施工项目进度管理是指为了实现预定的工作目标，而对工程项目的计划、组织、指挥、协调和控制进行统一规划和制定的过程。详细来说，施工项目进度管理就是在限定的工期内，确定工程进度目标、制定施工进度计划，并在施工计划实行的过程中，及时监测实际进度并不断对施工计划进行调整的过程。

2. 施工项目进度管理的目的

施工项目的进度管理就是为了项目工程能在按照计划时间完成的情况下，同时实现工程的系统目标。施工项目进度管理在很大程度上确保了工程项目能在规定时间内完成，并且是保证工程项目合理分配资源、尽可能降低工程施工成本的重要措施之一。

施工项目进度管理同施工项目的质量管理和成本管理一样，都是施工项目管理的重要组成部分，三者之间相互依赖、相互制约，共同促进了工程项目的按时完成。在工程项目的管理中，质量管理、进度管理和成本管理缺一不可，要同时兼顾，这样才能真正实现项目管理的总目标。

### （二）施工项目进度计划控制原理

施工项目在具体的进度控制中，由于施工过程总是在发生变化的，而且制定施工项目计划所依据的条件和前提也在不断发生变化，因此，工程项目的进度会受到多种因素的影响。因此，在进行施工项目的进度控制时，要首先对这些可能影响施工项目进度的因素进行调查，预测这些因素可能会对施工项目的进度带来怎样的影响，再编制可行的施工项目进度计划。

在施工项目进度计划的施行过程中，同样会产生很多不可预测的因素影响施工项目的运行，既包括人为因素，也包括自然不可抗因素。因此，在制定施工进度计划时，管理人员需要具备一定的前瞻性，并且在施工进度计划的施行过程中应用动态控制原理，及时对进度计划进行检查，找出偏离计划的原因，并对计划进行一定的调整。

在具体的进度计划执行过程中，除了动态控制原理，施工进度控制原理还包括其他几种。

#### 1. 动态控制原理

施工项目的进度控制是一个不断进行的动态控制的过程，同时也是一个循环进行的过程。项目工程的实际施工情况往往不同于计划施工，可能会出现一定程度的偏差，动态控制原理就是要掌握这些偏差，并及时对这些偏差采取一定的措施进行处理。动态控制的原理如图 5-1 所示。

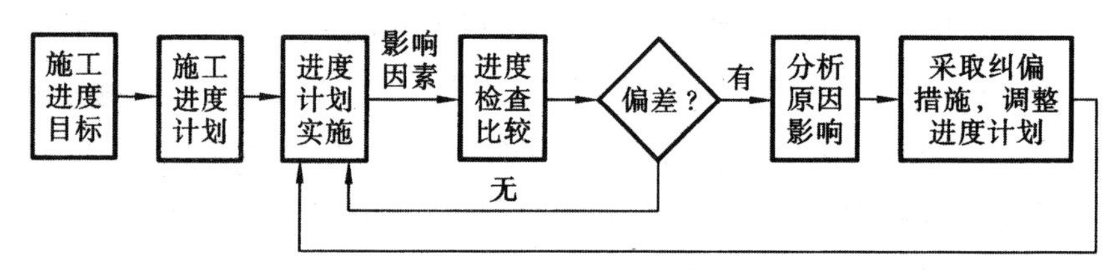


图 5-1　施工项目进度管理动态控制过程

2. 系统原理

施工项目的控制对象包括计划系统、进度实施系统、检查监控系统等部分，为了对施工项目的进度进行控制，就要编制施工项目的各种进度计划，包括施工总进度计划、单位工程进度计划、分部分项进度计划、季度进度计划等，这些计划共同组成了施工项目的进度计划总系统。对施工进度进行管理和控制，就要对上述系统中的每一个组成部分进行管理和控制，并组成由施工组织各级负责人构成的组织系统，对施工项目进度进行系统的监管。

3. 信息反馈原理

信息反馈是组织或单位控制施工项目进度的重要依据。通过将施工项目的实际进度反馈给各级负责人，才能让项目总负责人逐级向下传达对施工计划的修改意见，从而促进施工项目进度控制的运行，保证施工项目的顺利完成。

4. 弹性原理

弹性原理就是指在对施工项目进度进行管理和控制的过程中，制定的施工项目进度计划要充分考虑到影响施工项目完成的多项因素，具备一定的弹性。这样在进行施工项目的进度控制的过程中，就能充分利用这种弹性，缩短施工工期，达到项目预期目标。

5. 封闭循环原理

封闭循环是指施工项目进度控制是一个从计划、实施、检查、分析、确定调整措施到再计划的循环过程。

6. 网络计划技术原理

网络计划技术原理就是指在控制施工项目进度的过程中，要注意使用网络计划技术对进度计划进行编制，由网络技术搜集到的信息会更加全面、精确，这对优化施工项目进度计划具有重要意义。同时，利用网络技术完成对工期的优化、资源的配置以及成本的控制，也能取得较好的进度控制成果。

## 三、影响施工项目进度的因素

水利工程施工项目大多存在施工时间长、影响施工过程因素多的特点，任何一个方面出现的一点问题，都可能对施工项目的进度造成影响。因此，应该对影响施工项目进度的因素加以分析，以有效控制这些因素，尽可能减少这些因素可能对施工项目进度造成的影响。

### （一）有关单位

有关单位主要是指施工项目的施工单位，施工单位对施工项目的进度会起到决定性的影响作用。除了施工单位之外，施工项目的实施单位、资源供应单位、运输单位、水电供应部门都会对施工项目的进度产生影响。

### （二）施工组织管理状况

施工组织的管理能力和状况也会对施工项目的进度产生影响。比如说，劳动力或施工机械调配不当，可能就会导致施工项目的进度拖延。

### (三)技术失误

技术上的问题可能会对施工项目的进度造成不可挽回的后果。施工单位如果在施工过程中采用技术不当可能会造成施工项目暂停或技术事故,直接影响施工项目的进度。

### (四)施工条件的变化

在施工项目的施工过程中,如果由于事先的勘查不够严密而出现地质资料、环境信息等不准确或变化的情况,就会对施工项目造成巨大影响,很有可能造成施工项目暂停或损坏。

### (五)意外事件

意外事件普遍存在于各种施工项目当中,比如战争、自然灾害等都会在不同程度上影响施工项目的进度。

## 四、工期控制和进度控制

工期和进度是施工项目中两个相互联系的概念。工期控制是对施工项目的实际实施时间进行控制,而进度控制是对施工项目的完成程度进行控制。

### (一)工期控制和进度控制的目的

工期控制主要是通过对实际施工项目所用时间同工期计划进行比较,从而对施工项目进行控制的过程,其主要目的是保证工程活动可以按时开工、完成。

进度控制除了要对施工项目的时间进行控制之外,还要对工作量的完成状况进行控制。也就是说,虽然从总体上来说,进度控制和工期控制的目标是一致的,都是要保证施工项目顺利完成,但是进度控制在具体施行过程中还追求一定时间内工作量的完成程度以及施工项目实际消耗和计划成本的一致性。

### (二)工期控制和进度控制的关系

工期控制和进度控制的关系可以总结为以下三方面。

(1)工期往往是进度的指标之一,对于进度计划及施工项目完成情况的表述有重要作用。所以,进度控制会首先体现为工期控制。有效的工期控制会促进进度控制的运行。

(2)进度的延误通常会最终表现为工期的延误。

(3)对施工项目的进度调整时常表现为对施工项目工期的调整。

## 五、进度控制的过程

对施工项目进行进度管理和控制的过程主要可以分为以下四个步骤。

(1)采用各种控制手段保证施工项目各个环节能按照计划及时动工,在工程施工过程中记录下各单位工程活动的起止日期和完成状况。

(2)在各控制期末将各工程活动的完成状况同工程计划进行对比,确定各项目的完成程度,并结合工期、生产成果、生产效率等指标,对施工项目的进度进行评价,分析其中存在的问题。

(3)对下一期工作进行具体安排,预测已经开始但是还未结束的工程活动的剩余工期,确定一定措施对施工进度进行调整。并通过网络分析,预测可能出现的影响工程进度的因素。

(4)评价调整措施以及新计划,分析调整措施的效果以及新的工期是否达到目标要求等。

# 第二节　水利工程施工项目进度控制的方法研究

施工项目的进度控制是工程项目进度控制的重要环节,主要采用的方法包括横道图控制法、S形曲线控制法、香蕉形曲线比较法等等。本节就将对上述几种方法进行详细的介绍，此外，还会对施工项目进度调整的措施进行简单阐述。

## 一、施工项目进度控制方法

### （一）横道图控制法

横道图控制法是在日常工作中运用最广泛的施工项目进度控制方法。横道图控制法的优点是形象、简单，使用方便。

横道图控制法就是在施工项目的实施过程中，收集实际进度的信息和资料，经过整理分析并用横道线表示出来，与计划数据进行比较的方法。

运用横道图控制法进行施工项目的进度控制时，图示清晰明确，可以在图像中用不同粗细的线条表示施工项目的实际进度和计划进度。

### （二）S形曲线控制法

S形曲线是以横坐标表示时间、纵坐标表示工作量完成状况的曲线图。工作量完成状况具体包括实物工程量、工时消耗、施工成本等。一般情况下，施工项目的单位消耗时间和资源消耗通常表现为中间多而开头和结尾的时候少，这就导致资源消耗曲线形成“S”的形状。

和横道图一样，S形曲线也能较好地反映出施工项目的实际进展状况，下图5-2为S形曲线的示意图。

在S形曲线图中，存在几个重要的因素和指标。

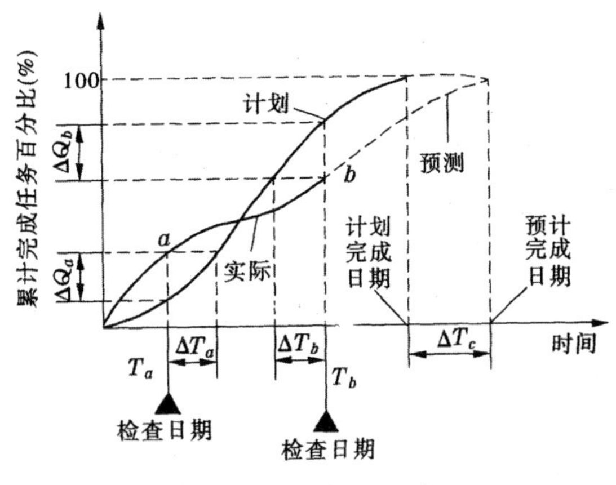


图 5-2　S 形曲线示意图

1. 施工项目实际完成速度

施工项目实际完成速度可以通过项目实际工程工作量来确定。如果表示项目的实际完成工作量的点位于原计划 S 形曲线的左侧,则说明实际进度比项目的计划进度要快;而如果表示项目实际完成工作量的点在原计划 S 形曲线的右侧,则说明实际进度比施工项目的计划进度要慢。

2. 进度超前或工期拖延

在图 5-2 中,$\Delta T_a$ 表示在 $T_a$ 时刻,项目的实际进度是超过计划进度的;$\Delta T_b$ 表示在 $T_b$ 时刻,项目的实际进度发生了延误。

3. 实际工程量完成情况

实际工程量完成情况分为提前完成和拖欠完成两种情况。在图 5-2 中,$\Delta Q_a$ 表示在 $T_a$ 时刻,实际完成工程量是比计划工程量要超前的;而 $\Delta Q_b$ 表示在 $T_b$ 时刻,实际完成工作量比计划工程量要少。

4. 项目后续进度预测

项目后续进度预测在图 5-2 中表示为虚线，前提是按照当前的施工进度进行工程施工，那么后续的工程进度走向就会表现为图中的虚线。

### (三)香蕉形曲线比较法

香蕉形曲线是指由两条 S 形曲线共同组成的示意图。两条 S 形曲线从同一个时间开始，并在同一时间结束。在两条 S 形曲线中，一条是以最早开始时间为基准安排工程进度的曲线，称为 ES 曲线；另一条是以最晚开始时间为基准安排工程进度的曲线，称为 LS 曲线。除了同样的开始和结束时间之外，ES 曲线都位于 LS 曲线的上方。在施工项目的实施过程中，最理想的情况是，施工项目的实际进度曲线位于两条曲线中间，我们将它称为曲线 R。如图 5-3 所示，是香蕉型曲线示意图。

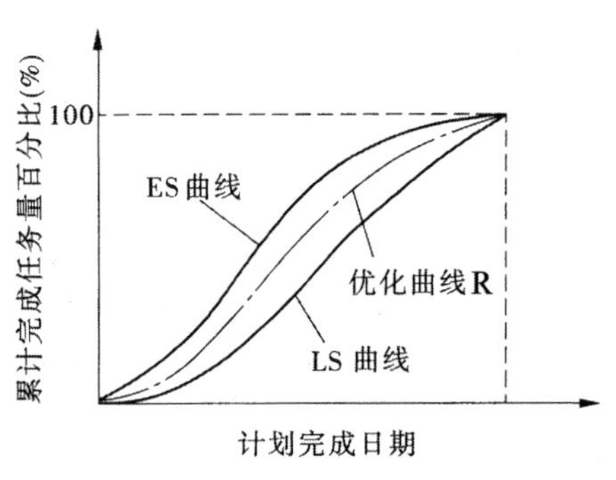


**图 5-3　香蕉形曲线示意图**

在绘制和运用香蕉形曲线时，需要经过以下几个环节。

1. 计算时间参数

绘制香蕉形曲线的第一个步骤就是计算时间参数，以施工项目的网络计划为基础，确定项目数量以及检查次数，分别记作 $n$ 和 $m$，然后计算项目的时间参数 $ES_i$、$LS_i$($i=1,2,3,\cdots,n$)。

2. 确定不同时间内计划完成的工作量

以项目最早的时间标记网络计划为基础。确定在各个单位时间内施工项目的计划工作量，表示为 $q_{ij}^{ES}$，即第 $i$ 项单位工作按照最早时间开工，在第 $j$ 时间段计划完成的工作量（$1 \leqslant i \leqslant n$，$0 \leqslant j \leqslant m$）。同理，计算出以项目最晚时标网络计划为基础的各个单位时间内施工项目的计划工作量，记作 $q_{ij}^{LS}$。

3. 计算项目总工程量

计算项目总工程量的具体计算公式如下所示：

$$Q = \sum_{i=1}^{n} \sum_{j=1}^{m} q_{ij}^{ES}$$

或

$$Q = \sum_{i=1}^{n} \sum_{j=1}^{m} q_{ij}^{LS}$$

4. 计算 $j$ 时段未完成的工程量

与项目总工程量的计算类似，对 $j$ 时段未完成工程量的计算也可以使用以最早或最晚开始时间为基准的两种方式，计算公式为：

$$Q_j^{ES} = \sum_{i=1}^{n} \sum_{j=1}^{m} q_{ij}^{ES} \quad (l \leqslant i \leqslant n, 0 \leqslant j \leqslant m)$$

或

$$Q_j^{LS} = \sum_{i=1}^{n} \sum_{j=1}^{m} q_{ij}^{LS} \quad (l \leqslant i \leqslant n, 0 \leqslant j \leqslant m)$$

5. 计算 $j$ 时段未完成工程量的百分比

与上两个步骤类似，计算 j 时段的未完成工程量百分比的两个计算公式如下：

$$\mu_j^{ES} = \frac{Q_j^{ES}}{Q} \times 100\%$$

或

$$\mu_j^{LS} = \frac{Q_j^{LS}}{Q} \times 100\%$$

6. 绘制香蕉形曲线

在经过上述环节的准备的计算之后，就可以进行香蕉形曲线图的绘制了，绘制 ES 曲线时使用($\mu_j^{ES}$,$j$)（$j=1,2,3,\cdots,m$）；绘制 LS 曲线时使用($\mu_j^{LS}$,$j$)（$j=1,2,3,\cdots,m$）。

## 二、调整进度计划实施的方法

在施工项目的计划运行过程中，难免出现偏差，于是要对出现的偏差进行调整，以保证后续工程的顺利完成。调整进度计划实施的方法分为两个步骤，首先是确定偏差对施工项目后续工作可能产生的影响，其次是对进度计划进行调整。

### （一）分析偏差对施工项目后续工作的影响

分析偏差对施工项目的后续工作可能产生的影响的主要方法是利用网络技术判断实际工作总时差和自由时差。工作总时差不会对项目的整体工期产生影响，但是会影响到后续工作的最早开始时间；而工作自由时差则是不会影响后续工作最早开始时间的最大机动时间。利用这种方法对出现的偏差进行分析能有效掌握偏差对进度计划的影响，其具体分析方法主要包括三个步骤。

1. 判断偏差的重要性

判断偏差的重要性就是指判断在实际工作中出现的进度计划偏差是否存在于关键线路。如果在实际工作中，工作的进度产生了偏差，说明进度计划偏差出现在了关键线路上，在这种情况下，无论偏差大小，都会对施工项目的后续工作产生影响。

2. 判断进度偏差是否大于总时差

判断进度偏差是否大于总时差便于我们掌握施工项目的总

体工期。如果进度偏差大于总时差，那么进度偏差不仅会对后续工作产生影响，而且会影响到施工项目的总工期；如果进度偏差小于或等于总时差，那么偏差就不会对施工项目的总工期产生影响，但是会不会对后续工作产生影响，还要进行进一步的比较判断。

3. 判断进度偏差是否大于自由时差

判断进度偏差是否大于自由时差能帮助施工单位掌握偏差对后续工作的影响程度。如果进度偏差大于自由时差，那么偏差就会对施工项目的后续工作产生影响，就需要对进度计划进行调整；反之，如果进度偏差小于或等于自由偏差，说明偏差不会对施工项目的后续工作产生影响，所以就不需要对进度计划加以调整。

图 5-4 是分析进度偏差对后续工程以及总工期的判断过程。

**（二）调整进度计划的方法**

当进度控制人员发现施工项目存在的进度偏差会对施工项目的后续工作或总工期产生影响时，就需要对实施进度进行调整。一般来说，调整施工项目进度的方法主要包括以下两种。

1. 改变工作之间的逻辑关系

改变工作之间的逻辑关系可以有两种途径，一种是改变关键线路上工作之间的先后顺序，还有一种是改变关键线路上的逻辑关系。通过改变工作之间的逻辑关系，实现缩短施工项目工期的目的。

通过改变工作之间的逻辑关系，把顺序关系变成平行大街关系，这样就可能达到缩短工期的目的。但是需要注意的是，在进行了这样的调整之后，工作之间的平行搭接时间被延长，因此必须做好工作之间的协调。

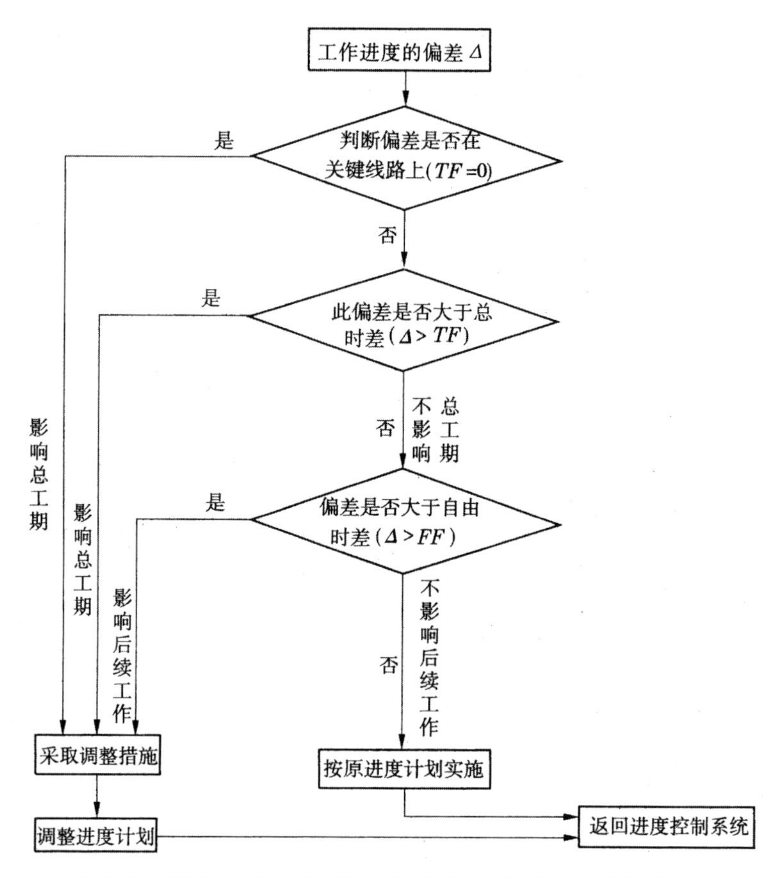


图5-4 进度偏差对后续工作及总工期影响的判断过程

2. 改变工作延续时间

改变工作延续时间主要是对施工项目中关键线路上的工作进行适当的调整。改变工作延续时间可以在网络计划图上直接完成。比如,如果一个施工项目在实际运行过程中,出现了进度延误的情况,那么为了加快进度,可以对关键线路上工作的时间进行压缩,以达到按时完成施工项目的目的。改变工作延续时间一般会出现以下三种情况。

(1)某项工作的延误时间大于自由时差、小于总时差

如果施工项目中的某项工作拖延的时间在自由时差以外,而又在总时差之内,根据前文的分析,在这种情况下,施工项目

的总工期不会受到影响，但是后续工作会受到影响。因此，在进行工作时间的调整时，要确定后续工作最大限度的可拖延时间，并将其作为进度调整的重要限制条件。

(2)某项工作的延误时间大于项目总时差

如果在施工项目中存在某项工作的延误时间大于施工项目的总时差，那么这项工作就不仅会影响到后续工作，而且会影响到施工项目的总工期。因此，在进行这类工作的时间调整时，要以工期的限制时间为规定工期，对还未实施的网络计划实行工期-费用优化。通过缩短施工项目网络计划中某些工作的时间，来实现总工期时间不变的目标。

(3)在网络计划中工作进度超前

施工单位在进行网络计划制定时，往往要考虑多重影响因素的作用，但是在实际操作中，施工项目中的某个工作可能没有受到一些因素的干扰，会出现工期超前的现象。在这种情况下，工期超前的这项工作可能会对施工项目整体的资源安排和时间安排产生重要的影响，使施工项目不能有序地进行。因此，在施工项目中，对于工期超前的工作也要进行适当的时间调整。

## 第三节　水利工程施工项目进度拖延的原因分析和解决措施研究

在水利工程施工项目的运行过程中，由于多种因素的影响和资源、能源条件的限制，难免会出现某项工作甚至整个项目工期延误的情况，这种现象不仅会造成施工成本的增加，而且可能会导致施工单位信誉受损。因此，分析施工项目进度拖延的原因，并找出解决措施是施工单位需要面对的重要问题。

### 一、施工项目进度拖延的原因分析

施工项目的管理人员应该按照预先确定的计划对项目进度

进行定期的评价，分析、确定导致工期延误的原因。

### （一）分析延误原因的方法

在实际工作中，分析施工项目进度延误的方法主要有以下几种。

（1）通过比较施工项目的实际工期和计划工期，确定被拖延的工程活动的被拖延时间及原因。

（2）对施工项目的关键线路上的工作进行分析，确定导致总工期延误的原因。

（3）采用因果关系分析的方法，对可能影响工期的因素，以及工程量、劳动效率等进行实际和计划的对比，分析可能影响工期进度的因素及确定其影响量的大小。

### （二）施工项目进度延误的原因

施工项目进度延误的原因来自多个方面，总结来说，包括计划上的失误、边界条件变化以及管理过程中出现的失误等。

#### 1. 计划的失误

由施工项目的计划失误导致工期的延误主要是因为在进行施工项目工期计划时，计划人员过于乐观，忽略了一些可能影响工期进度的因素，导致计划工期远远短于实际工期。由计划失误导致工期延误主要包括以下几种情况。

（1）进行项目计划时忽略了部分必需的工作或功能。

（2）进行项目计划时，参考的资料和信息不全面，而实际中涉及到的工作量可能会增加。

（3）计划过程中没有考虑到在资源或能源出现不足的情况下如何完成项目施工。

（4）计划中忽略了不可预测的因素和风险的影响，比如自然灾害、人为事故等。

### 2. 边界条件的变化

边界条件的变化对施工项目的工期造成延误主要包括以下几种情况。

(1)施工项目设计的修改和错误以及项目业主对项目提出的新要求都可能造成工程量的增加,从而增加施工完成时间。

(2)政府或上级机构对施工项目提出的新要求或限制条件可能会造成项目设计标准的提高,而施工单位现有的资源数量无法满足新增加的设计要求,就有可能对项目工期造成延误。

(3)环境条件的变化也是可能会导致施工项目工期延误的重要原因之一。比如说,不利的施工条件可能会对施工项目的运行造成干扰,从而对施工项目造成延期。

(4)不可抗力事件,如台风、地震等自然灾害以及战乱等人为灾难。

### 3. 管理过程中的失误

施工项目管理人员在管理过程中出现失误,从而对施工项目进度造成影响,导致项目工期延误的情况主要包括以下几种。

(1)施工项目的计划部门同施工部门之间、总承包商同分包商之间、承包商同业主之间确实信息的沟通和交流。

(2)施工项目的施工者对工期缺乏充分的认识。

(3)项目的参与者对项目中各个工程活动之间的逻辑关系并没有十分清楚的掌握和理解,同时没有做好充分准备面对各项工程活动的要求。项目的施行各单位之间缺少沟通,导致资源的配置和安排出现问题。

(4)项目的某些计划规定的任务没有按时完成,从而对项目工期造成延误。

(5)承包商在施工过程中,没有发挥百分之百的劳动效率,材料供应拖延、资金缺乏、工期控制混乱都是造成项目工期延误的原因。

(6)业主的资金、材料、设备等供应不及时。

## 二、解决进度拖延的措施

### (一)基本策略

对在施工项目中已经出现的延误现象,施工单位可能出现以下两种截然不同的态度。

1. 采取积极的措施赶工

面对已经出现的施工项目中的工期延误的问题,采取积极态度,通过调节后续工作计划,采取积极措施赶工,以弥补已经造成的进度拖延,尽可能减少总工期拖延的时间。

2. 不采取赶工措施

面对已经出现的工期拖延的问题,不采取积极措施进行赶工,而是继续按照现有工作效率进行项目的施工。但是不采用赶工措施,可能会导致拖延的工期时间越来越长。不采取赶工措施是一种十分消极的做法,必然会造成巨大的经济损失,且无法按时实现工期目标。

### (二)可以采取的赶工措施

在上述已经介绍过的施工单位面对工期延误的两种态度中,采取积极的措施赶工是大多数施工单位会选择的方向。解决或弥补项目工程的工期延误有多种方法,但是每种方法都有其局限性。在实际工程施工中,常用的赶工措施主要有以下几种。

1. 增加资源投入

增加资源投入就是指在工程的施工过程中,增加材料、劳动力、设备等的投入量，以促进施工效率的提高，最终实现工期延误得到弥补。但是增加资源投入可能会带来如下一些问题。

(1)工程施工费用增加，如劳动人员的调遣费用、周转材料的费用以及设备的进出费用等等。

(2)资源投入的增加可能会导致资料使用效率的降低。

(3)可能会导致资源供应困难，在实际的施工过程中，有些工程活动的资源是没有增加的潜力的，因此，项目之间就可能就资源使用问题产生竞争。

### 2. 重新分配资源

重新分配资源就是将施工项目的劳动力、准备资源等进行重新安排和配置。比如说，让服务部门工作人员投入到生产中去；将风险准备资源大量投入；采用加班制等。

### 3. 减少工作范围

减少工作范围包括减少项目工程的工作量或减少一些分项工程，来减轻施工单位的工作负担。但是减少工作范围可能会造成以下问题。

(1)减少工作范围可能会在很大程度上破坏施工项目工程的完整性，损害工程的安全性和运行效率，造成经济效益的减少和运行费用的增加。

(2)减少工作范围是一项大的管理调整措施，必须经过上级管理层或业主的批准。

### 4. 提高劳动生产率

提高项目施工的劳动生产率可以通过改善工具、调解工作过程以及一些辅助措施实现。在提高劳动生产率的过程中需要注意以下几个问题。

(1)要加强对施工人员的培训。

(2)注意协调工人级别和工人技能。

(3)在工作中适当使用一些激励机制，以鼓励员工的生产积极性。

(4)改善施工项目的工作环境。

(5)管理人员要注意对项目小组的合理组合进行安排。

(6)加强信息沟通、注重交流，避免出现组织内部的矛盾。

### 5. 转移部分任务

转移部分任务就是指施工单位在面对施工项目总工期很可能发生拖延的情况下，将一部分任务外包或委托给其他单位进行运营。但是采取转移部分任务的措施，施工单位一定要注意加强与外包单位之间的沟通，并且要承担一定的风险和新增的费用。

### 6. 改变网络计划中工程活动的逻辑关系

改变网络计划中工程活动的逻辑关系就是将施工项目中各个工程活动之间的关系进行重新安排。比如说，将两个先后进行的工程活动变为同时进行的工作。改变网络计划中工程活动的逻辑关系也可能产生一些问题。

(1)如果不注意工程活动的逻辑关系，一味加以改变，可能会导致矛盾的产生。

(2)将先后顺序的两个工程活动改为平行工作会加大资源投入的压力。

(3)将先后顺序的工作转变为平行工作可能会增加施工人员的工作压力，造成施工混乱和效率降低等问题。

### 7. 合并某些分项工程

将一些分项工程进行合并，尤其是可以将关键线路上先后顺序的工作进行合并，以实现工作效率的提高和项目工期的缩短。

图 5-5 是将两个分项工程合并在一起前后的工作效率和时

间的对比。

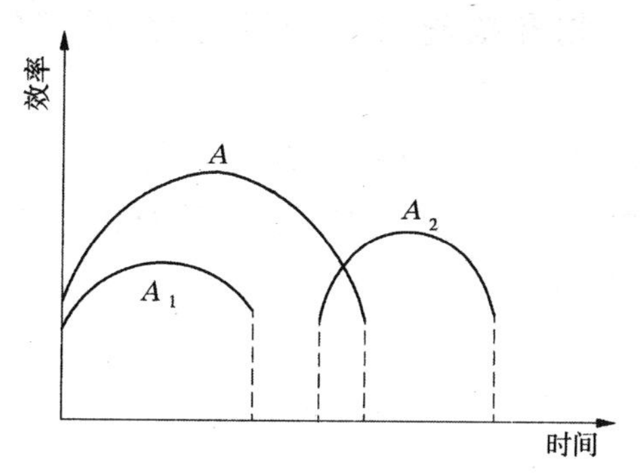


图 5-5　合并分项工程前后的时间—效率对比

在图 5-5 中，$A_1$、$A_2$ 表示两项分项工程的效率—时间，而 $A$ 表示两项分项工程完成合并后的效率-时间。可以看出，完成合并之后，$A$ 项目的施工持续时间得到了大大的缩短。

### (三)应该注意的问题

在施工项目的赶工措施的选择上应该考虑一些因素的影响，但是不是所有的赶工措施都会带来预想的结果，一些措施未能获得预想效果的原因也值得施工单位分析和研究。

#### 1. 选择赶工措施应注意的问题

在施工单位面对可能延期的施工项目而选择赶工措施时，应当注意以下一些问题。

(1)赶工措施应符合施工项目要实现的总目标以及施工项目的整体战略。

(2)赶工措施应该是具备可行性及有效的。

(3)赶工措施应当尽可能控制费用和成本。

(4)赶工措施应尽量减少对施工项目的承包商和供货商产生的影响。

#### 2. 赶工措施不能获得预期效果的原因

在实际工作中，一些赶工措施很可能不能收到人们预想的

效果,这是因为:

(1)赶工计划和措施没有经过正常、严密的安排,是不周全的。

(2)赶工措施在实行过程中缺乏沟通。

(3)施工单位有关部门和工作人员对以前造成的延误问题没有形成清晰的认识。

# 第六章　水利工程施工项目安全与环境管理研究

虽然世界经济的发展并不是一帆风顺，但是其不断上升和增长的总趋势是难以动摇的，经济的发展给人类社会带来了前所未有的发展机遇，同时也带来了不曾出现过的问题。不断发展的世界经济增强了市场竞争，人们对利润的追求已经达到了极致，但是这是以忽视劳动者利益和安全换来的，尤其是在工程建设中施工人员的人身安全和工作环境更是难以得到保障。本章我们对水利工程的安全和环境管理进行分析和研究，希望能对改善我国的目前的水利工程安全和环境管理作出贡献。

## 第一节　水利工程施工项目安全管理概述

企业施工项目安全管理是企业管理的重要组成部分，对企业安全生产和稳定经营具有重要的作用，本章我们来探讨一下水利工程项目的安全管理。

### 一、施工项目安全管理的概念

施工项目安全管理是指在施工单位在项目施工的整个持续过程之中，运用科学管理的理论、方法，通过法规、技术、组织等手段所进行的规范劳动者行为，控制劳动对象、劳动手段和施工环境条件，消除或减少不安全因素，使人、物、环境构成的施工生产体系达到最佳安全状态，实现项目安全目标等一系列活动的总称。

## 二、施工项目安全管理的目的

施工安全管理的目的是通过对生产因素具体状态的控制，防止和减少生产安全事故的发生，保护作业者的健康与安全，保障人民群众的生命和财产免受损失，使施工项目效益目标得以实现，并以此建立以人为本的安全管理体系，提升企业的品牌和形象。

## 三、项目施工安全管理的任务

(1)贯彻落实国家安全生产法规，落实“安全第一，预防为主”的安全生产、劳动保护方针。

(2)完善企业安全管理体制，针对项目实施的具体情况制定科学合理的安全管理条例，并认真贯彻执行。

(3)明确企业各级领导人员的工作责任，将项目施工安全管理的责任具体到每个工作岗位。

(4)积极采取各项安全生产技术措施，保障职工有一个安全可靠的作业条件，减少和杜绝各类事故。

(5)定期对企业各级领导、特种作业人员和所有职工进行安全教育，强化安全意识。

(6)在项目施工过程中，项目安全管理人员要及时对项目实施的情况进行调查，将各种安全隐患消灭在萌芽状态。

(7)推动企业安全生产工作的开展与实施，通过现代技术安全设备的使用，保证项目安全。

## 四、施工安全管理的基本原则

### (一)管生产同时管安全

我国《建筑法》第四十四条规定:“建筑施工企业必须依法参加对建筑安全生产的管理,执行安全生产责任制度,采取有效措施,防止伤亡和其他安全事故的发生,建筑企业的法人代表要对本企业的安全生产负责”。

项目经理对合同工程项目生产经营过程中的安全生产负全面领导责任,是项目安全生产第一责任人。

### (二)贯彻预防为主的方针

根据我国《建筑法》的相关规定,在工程建设过程中,施工单位必须要依法坚持“安全生产,预防为主”的基本工作方针和工作要求,逐步建立起坚实可靠的施工安全保护措施和安全事故预防制度。

### (三)坚持“四全”动态管理

所谓“四全”实际上是指企业在整个工程的施工过程中实行全员、全程、全方位、全天候的动态安全管理措施。“四全”动态管理可以及时有效地发现细小的安全隐患,帮助企业全面改善和提升自身的安全管理水平。

### (四)坚持以“控”为主的管理策略

“控”就是控制,在安全管理当中施工单位应该保证自己对重点控制人、重点控制区域、重点控制事项等因素的控制能力。比如重点控制人,如果他们违章作业很可能会导致一些本来可以避免的安全事故出现。

## 五、施工安全管理的要求

### (一)建设工程项目决策阶段

在工程项目的建设决策阶段,项目的建设单位应该依照我国《建筑法》及其他安全条例办理有关审批手续。在这个过程中,项目建设单位可以组织或委托有相应资质的单位对项目的安全施工需求进行评估,不足之处应及时予以改正。

### (二)工程设计阶段

作为工程项目的设计单位有义务按照《建筑法》、《安全管理生产条例》等国家法律、法规的要求,从工程方案的可行性以及方案设计的科学性上保证项目工程符合规定。

在进行工程设计时,设计单位应考虑施工安全和防护需要,对涉及施工安全的重点部分和环节在设计文件中应进行注明,并对防范生产安全事故提出指导意见。

现代建筑学的发展使得建筑物的结构、材料、工艺都得到了极大的发展和延伸,当企业面对这些“新”、“奇”、“特”的工程建筑时,一定要仔细考虑施工过程中每一细节,避免因细节处理不当引起的各种安全问题。

### (三)工程施工阶段

施工企业在整个施工建设期间不仅要对施工建筑本身的质量安全全面负责,更要为施工人员的人身安全全面负责。通常情况下,手续不齐全或不具备安全生产资质的企业应严禁其进入工程项目承包的投标和招标环节。当然,企业要建立足够可靠的安全生产制度和安全管理措施需要经过多年的实践经验,并不是一朝一夕能够完成的,因此在工程施工阶段企业更不能放松对企业施工安全的管理和监督。

## 第二节　水利工程施工项目安全管理体系研究

建筑施工是一个细节繁多、内容复杂的建设过程，并且危险源众多，任何一个细节的忽略都可能会导致安全事故的发生。施工人员的生命安全是整个安全管理中的头等大事，建立健全工程施工项目安全管理体系是保障施工人员安全的重要手段。

### 一、项目施工安全管理体系的概念

施工项目安全管理体系实质上是一种安全管理模式，其目的是提高企业管理水平，保证施工人员的生命安全和施工单位的财产安全。2002 年 11 月 1 日我国开始正式实施《中华人民共和国安全生产法》，2004 年 2 月 1 日正式开始实施《建设工程安全生产管理条例》。这些安全生产法律的不断完善和健全也体现了国家对安全生产的重视，同时这些法律也为我国企业的安全生产管理提供了科学规范的参考依据。

### 二、项目施工安全管理体系的内容

建立健全施工安全管理体系主要包括以下几个方面的内容。

(1)管理立法机关应加快我国安全生产管理的立法进程，尽快形成完整的安全生产管理法律体系。

(2)企业应结合自身的施工和生产实际，结合相关法律制定科学有效的建筑安全生产管理标准。

(3)提高安全生产在企业经营管理中的地位，设置专门的企业职能部门对企业的施工或生产进行监督和管理。

(4)建立企业岗位责任制，明确每个工作人员在安全管理中的岗位职责。

(5)加强对员工的培训，保证员工的工作能力能够满足其工作岗位的工作需求。

(6)企业内部成立检查小组，经常进行现场检查，并自觉接受行业专门检查机构检查。建立健全建筑安全管理稽查体系。

## 三、施工安全管理体系的建立

### (一)施工安全管理体系的基本制度的建立

根据国家的有关安全生产的法律、法规、规范、标准，企业应建立以下几项安全管理基本制度。

#### 1. 建立健全安全生产责任制

安全生产责任制是安全管理的核心，是保障安全生产的重要手段，它能有效地预防事故的发生。

安全生产责任制是根据“管生产必须管安全”、“安全生产人人有责”的原则。明确各级领导和各职能部门及各类人员在生产活动中应负的安全职责的制度。有些安全生产责任制，就能把安全与生产从组织形式上统一起来，把“管生产必须管安全”的原则从制度上固定下来，从而增强了各级管理人员的安全责任心，使安全管理纵向到底、横向到边、专管成线、群管成网、责任明确、协调配合、共同努力，真正把安全生产工作落到实处。

安全生产责任制的内容要分级制定和细化，如企业、项目、班组都应建立各级安全生产责任制，按其职责分工，确定各自的安全责任，并组织实施和考评，保证安全生产责任制的落实。

#### 2. 制定安全教育制度

安全教育制度是企业对职工进行安全法律、法规、规范、标准、安全知识和操作规程培训教育的制度，是提高职工安全意识的重要手段，是企业安全管理的一项重要内容。

安全教育制度内容应规定：定期和不定期安全教育的时间、应受教育的人员、教育的内容和形式，如新工人、外施队人员等进场前必须接受三级（公司、项目、班组）安全教育。从事危险性较大的特殊工种的人员必须经过专门的培训机构培训合格后持证上岗，每年还必须进行一次安全操作规程的训练和再教育。对采用新工艺、新设备、新技术和变换工种的人员应进行安全操作规程和安全知识的培训和教育。

#### 3. 制定安全检查制度

安全检查是发现隐患、消除隐患、防止事故、改善劳动条件和环境的重要措施，是企业预防安全生产事故的一项重要手段。

安全检查制度内容应规定：安全检查负责人、检查时间、检查内容和检查方式。它包括经常性的检查、专业性的检查、季节性的检查和专项性的检查，以及群众性的检查等。对于检查出的隐患应进行登记，并采取定人、定时间、定措施的“三定”办法给予解决，同时对整改情况进行复查验收，彻底消除隐患。

#### 4. 制定各工种安全操作规程

工种安全操作规程是消除和控制劳动过程中的不安全行为，预防伤亡事故，确保作业人员的安全和健康的需要的措施，也是企业安全管理的重要制度之一。

安全操作规程的内容应根据国家和行业安全生产法律、法规、标准、规范，结合施工现场的实际情况制定出各种安全操作规程。同时根据现场使用的新工艺、新设备、新技术，制定出相应的安全操作规程，并监督其实施。

#### 5. 制定安全生产奖罚办法

企业制定安全生产奖罚办法的目的是不断提高劳动者进行安全生产的自觉性，调动劳动者的积极性和创造性，防止和纠正违反法律、法规和劳动纪律的行为，也是企业安全管理重要制度之一。

安全生产奖罚办法规定奖罚的目的、条件、种类、数额、实施程序等。企业只有建立安全生产奖罚办法，做到有奖有罚、奖罚分明，才能鼓励先进、督促落后。

6. 制定施工现场安全管理规定

施工现场安全管理规定是施工现场安全管理制度的基础，目的是规范施工现场安全防护设施的标准化、定型化。

施工现场安全管理规定的内容包括：施工现场一般安全规定、安全技术管理、脚手架工程安全管理（包括特殊脚手架、工具式脚手架等）、电梯井操作平台安全管理、马路搭设安全管理、大模板拆装存放安全管理、水平安全网、井字架龙门架安全管理、孔洞临边防护安全管理、拆除工程安全管理等。

7. 制定机械设备安全管理制度

机械设备是指目前建筑施工普遍使用的垂直运输和加工机具，由于机械设备本身存在一定的危险性。管理不当就可能造成机毁人亡。所以它是目前施工安全管理的重点对象。

机械设备安全管理制度应规定，大型设备应到上级有关部门备案，符合国家和行业有关规定，还应设专人负责定期进行安全检查、保养，保证机械设备处于良好的状态，以及各种机械设备的安全管理制度。

8. 制定施工现场临时用电安全管理制度

施工现场临时用电是目前建筑施工现场离不开的一项操作，由于其使用广泛、危险性比较大，因此它牵涉到每个劳动者的安全，也是施工现场一项重要的安全管理制度。

施工现场临时用电管理制度的内容应包括：外电的防护、地下电缆的保护、设备的接地与接零保护、配电箱的设置及安全管理规定(总箱、分箱、开关箱)、现场照明、配电线路、电器装置、变配电装置、用电档案的管理等。

9. 制定劳动防护用品管理制度

使用劳动防护用品是为了减轻或避免劳动过程中,劳动者受到的伤害和职业危害,保护劳动者安全健康的一项预防性辅助措施,是安全生产防止职业性伤害的需要,对于减少职业危害起着相当重要的作用。

劳动防护用品制度的内容应包括:安全网、安全帽、安全带、绝缘用品、防职业病用品等。

### (二)建立健全安全组织机构

施工企业一般都有安全组织机构,但必须建立健全项目安全组织机构,确定安全生产目标,明确参与各方对安全管理的具体分工,安全岗位责任与经济利益挂钩,根据项目的性质规模不同,采用不同的安全管理模式。对于大型项目,必须安排专门的安全总负责人,并配以合理的班子,共同进行安全管理,建立安全生产管理的资料档案。实行单位领导对整个施工现场负责,专职安全员对部位负责,班组长和施工技术员对各自的施工区域负责,操作者对自己的工作范围负责的“四负责”制度。

### (三)施工安全管理体系建立步骤

1. 领导决策

最高管理者亲自决策,以便获得各方面的支持和在体系建立过程中所需的资源保证。

2. 成立工作组

最高管理者或授权管理者代表成立的工作小组负责建立安全管理体系。工作小组的成员要覆盖组织的主要职能部门,组长最好由管理者代表担任，以保证小组对人力、资金、信息的获取。

3. 人员培训

培训的目的是使有关人员了解建立安全管理体系的重要性，了解标准的主要思想和内容。

4. 初始状态评审

初始状态评审要对组织过去和现在的安全信息、状态进行收集、调查分析、识别和获取现有的、适用的法律、法规和其他要求，进行危险源辨识和风险评价，评审的结果将作为制定安全方针、管理方案、编制体系文件的基础。

5. 制定方针、目标、指标的管理方案

方针是组织对其安全行为的原则和意图的声明，也是组织自觉承担其责任和义务的承诺。方针不仅为组织确定了总的指导方向和行动准则，而是评价一切后续活动的依据，并为更加具体的目标和指标提供一个框架。

安全目标、指标的制定是组织为了实现其在安全方针中所体现出的管理理念及其对整体绩效的期许与原则，与企业的总目标相一致。

管理方案是实现目标、指标的行动方案。为保证安全管理体系的实现，需结合年度管理目标和企业客观实际情况，策划制定安全管理方案。该方案应明确旨在实现目标、指标的相关部门的职责、方法、时间表以及资源的要求。

## 第三节　水利工程施工项目安全事故处理研究

水利工程施工安全是指在施工过程中，工程组织方应该采取必要的安全措施和手段来保证。施工人员的生命和健康安全，降低安全事故的发生概率。本节我们将对水利工程施工中的常见事故进行分析和介绍。

## 一、安全事故概述

### （一）工伤事故的概念

工伤事故就是企业员工在为公司或工厂进行施工建设中因为某种原因造成的工伤亡事故。对于工伤事故我国国务院早就做出过规定，《工人职员伤亡事故报告规程》指出"企业对于工人职员在生产区域中所发生的和生产有关的伤亡事故（包括急性中毒）必须按规定进行调查、登记统计和报告"。从目前的情况来看，除了施工单位的员工以外，工伤事故的发生群体还包括民工、临时工和参加生产劳动的学生、教师、干部等。

### （二）伤亡事故的分类

一般来说，伤亡事故的分类都是根据受伤害者受到的伤害程度进行划分的。

1. 轻伤

轻伤是职工受到伤害程度最低的一种工伤事故，按照相关法律的规定，员工如果受到轻伤而造成歇工一天或一天以上就应视为轻伤事故处理。

2. 重伤事故

重伤的情况分为很多种，一般来说凡是有下列情况之一者，都属于重伤，作重伤事故处理。

（1）经医生诊断成为残废或可能成为残废的。

(2)伤势严重,需要进行较大手术才能挽救的。

(3)人体要害部位严重灼伤、烫伤或非要害部位,但灼伤、烫伤占全身面积 1/3 以上的;严重骨折,严重脑震荡等。

(4)眼部受伤较重,对视力产生影响,甚至有失明可能的。

(5)手部伤害:大拇指轧断一节的,食指、中指、无名指任何一只轧断两节或任何两只轧断一节的局部肌肉受伤严重,引起肌能障碍,有不能自由伸屈的残废可能的。

(6)脚部伤害:一脚脚趾轧断三只以上的,局部肌肉受伤甚剧,有不能行走自如的残废的可能的;内部伤害,内脏损伤、内出血或伤及腹膜等。

(7)其他部位伤害严重的:不在上述各点内,经医师诊断后,认为受伤较重,根据实际情况由当地劳动部门审查认定。

### 3. 多人事故

在施工过程中如果出现多人(3 人或 3 人以上)受伤的情况,那么应认定为多人工伤事故处理。

### 4. 急性中毒

急性中毒是指由于食物、饮水、接触物等原因造成的员工中毒。急性中毒会对受害者的机体造成严重的伤害,一般作为工伤事故处理。

### 5. 重大伤亡事故

重大伤亡事故是指在施工过程中,由于事故造成一次死亡 1～2 人的事故,应作重大伤亡处理。

### 6. 多人重大伤亡事故

多人重大伤亡事故是指在施工过程中,由于事故造成一次死亡 3 人或 3 人以上 10 人以下的重大工伤事故。

7. 特大伤亡事故

特大伤亡事故是指在施工过程中，由于事故造成一次死亡10人或10人以上的伤亡事故。

## 二、事故处理程序

一般来说如果在施工过程中发生重大伤亡事故，企业负责人员应在第一时间组织伤员的抢救，并及时将事故情况报告给各有关部门，具体来说主要分为以下三个主要步骤。

### (一)迅速抢救伤员、保护好事故现场

在工伤事故发生之后，施工单位的负责人应迅速组织人员对伤员展开抢救，并拨打120急救热线，另外，还要保护好事故现场，帮助劳动责任认定部门进行劳动责任认定。

### (二)组织调查组

轻伤、重伤事故，由企业负责人或其指定人员组织生产、技术、安全等部门及工会组成事故调查组，进行调查；伤亡事故，由企业主管部门会同同级行政安全管理部门、公安部门、监察部门、工会组成事故调查组，进行调查。死亡和重大死亡事故调查组应邀请人民检察院参加，还可邀请有关专业技术人员参加，与发生事故有直接利害关系的人员不得参加调查组。

### (三)现场勘察

1. 作出笔录

通常情况下，笔录的内容包括事发时间、地点以及气象条件等；现场勘察人员的姓名、单位、职务；现场勘察起止时间、勘察过程；能量逸散所造成的破坏情况、状态、程度；设施设备损坏情

况及事故发生前后的位置；事故发生前的劳动组合，现场人员的具体位置和行动；重要物证的特征、位置及检验情况等。

2. 实物拍照

包括方位拍照，反映事故现场周围环境中的位置；全面拍照，反映事故现场各部位之间的联系；中心拍照，反映事故现场中心情况；细目拍照，提示事故直接原因的痕迹物、致害物；人体拍照，反映伤亡者主要受伤和造成伤害的部位。

3. 现场绘图

根据事故的类别和规模以及调查工作的需要应绘制：建筑物平面图、剖面图；事故发生时人员位置及疏散图；破坏物立体图或展开图；涉及范围图；设备或工、器具构造图等。

4. 分析事故原因、确定事故性质

分析的步骤和要求是：

(1)通过详细的调查、查明事故发生的经过。

(2)整理和仔细阅读调查资料，对受伤部位、受伤性质、起因物、致害物、伤害方法、不安全行为和不安全状态等七项内容进行分析。

(3)根据调查所确认的事实，从直接原因入手，逐渐深入到间接原因。通过对原因的分析、确定出事故的直接责任者和领导责任者，根据在事故发生中的作用，找出主要责任者。

(4)确定事故的性质。如责任事故、非责任事故或破坏性事故。

5. 写出事故调查报告

事故调查组应着重把事故发生的经过、原因、责任分析和处理意见以及本次事故的教训和改进工作的建议等写成报告，以调查组全体人员签字后报批。如内部意见不统一，应进一步弄清事实，对照政策法规反复研究，统一认识。对于个别同志仍持有不同意见的，可在签字时写明自己的意见。

6. 事故的审理和结案

建设部对事故的审批和结案有以下几点要求：

(1)事故调查处理结论，应经有关机关审批后，方可结案。伤亡事故处理工作应当在 90 日内结案，特殊情况不得超过 180 日。

(2)事故案件的审批权限，同企业的隶属关系及人事管理权限一致。

(3)对事故责任人的处理，应根据其情节轻重和损失大小，谁有责任，主要责任，其次责任，重要责任，一般责任，还是领导责任等，按规定给予处分。

(4)要把事故调查处理的文件、图纸、照片、资料等记录长期完整地保存起来。

## 三、安全施工的预防措施

### (一)安全教育

1. 安全教育与培训的内容

(1)安全知识教育。使操作者了解、掌握生产操作过程中潜在的危险因素及防范措施。

(2)安全技能训练。使操作者逐渐掌握安全操作技能，获得完善化、自动化的行为方式，减少操作中的失误现象。

(3)安全意识教育。激励操作者自觉实行安全技能。

2. 安全教育、培训的形式

(1)新工人入场前应完成三级安全教育。

(2)结合施工项目的变化,适时进行安全知识教育。

(3)结合生产组织安全技能训练。

(4)随安全生产形势的变化,确定阶段教育内容。

(5)受季节、自然变化影响时,针对由于这种变化而出现生产环境作业条件的变化进行教育。

(6)采用新技术,使用新设备、新材料,推行新工艺之前,应对有关人员进行安全知识、技能、意识的全面安全教育。

## (二)安全检查

### 1. 安全检查的内容

安全检查的内容是否全面与企业安全管理的质量有着紧密的关系。一般来说,企业安全检查的内容如表6-1、表6-2所示。

**表6-1 公司、项目经理部或工程对安全检查的内容**

| 检查项目 | 检查内容 |
| --- | --- |
| 安全生产制度 | 安全生产管理制度是否健全并认真执行;安全生产责任制是否落实安全生产;安全生产计划编制、执行得如何;安全生产管理机构是否健全,人员配备是否得当 |
| 安全教育 | 是否坚持新工人入场三级教育;特殊工种的安全教育坚持得如何;改变工种和采用新技术等人员的安全教育情况怎样;对工人日常安全教育进行得怎样;各级领导干部和业务员的安全教育如何 |
| 安全技术 | 有无完善的安全技术操作规程;安全技术措施计划是否完善、及时;主要安全设施是否可靠;各种机具、机电设备是否安全可靠;防尘、防毒、防爆、防冻等措施是否得当;防火措施是否得当;安全帽、安全带、安全网及其他防护用品和设施得当否 |
| 安全检查 | 是否坚持执行安全检查制度;是否有违纪、违章现象;隐患处理得如何;交通安全管理得怎样 |
| 安全业务工作 | 记录、台账、资料、报表等管理得怎样;安全事故报告是否及时;是否开展事故预测和分析;安全竞赛、评比、总结等工作进行否 |

表 6-2　班组安全检查的内容

| 检查项目 | 检查内容 |
| --- | --- |
| 作业前检查 | 班前安全会是否开过；是否坚持每周一次的安全活动；安全网点的活动开展得怎样；岗位安全生产责任制是否落实；本工种安全技术操作规程掌握如何；机具、设备准备得如何；作业环境和作业位置是否清楚，并符合安全要求；是否穿戴好个人防护用品；主要安全设施是否可靠；有无其他特殊问题 |
| 作业中检查 | 有无违反安全纪律现象；有无违章作业现象；有无违章指挥现象；有无不懂、不会操作现象；有无故意违反技术操作规程现象；作业人员的意识反应如何 |
| 作业后检查 | 材料、物资是否整理；料具、设备是否整顿；清扫工作做得如何；其他问题解决得如何 |

(2)安全检查的一般方法。安全检查的一般方法有很多，具体如表 6-3 所示。

表 6-3　安全检查的一般方法

| 方法 | 内容 |
| --- | --- |
| 看 | 看现场环境和作业条件，看实物和实际操作，看记录和资料等 |
| 听 | 听汇报、听介绍、听反映、听意见和批评、听机械设备的运转响声或承重物发出的微弱声等 |
| 嗅 | 对挥发物、腐蚀物、有毒气体进行辨别 |
| 问 | 对影响安全的问题，详细询问，寻根究底 |
| 查 | 查明问题、查对数据、查清原因、追查责任 |
| 测 | 测量、测试、监测 |
| 析 | 进行必要的实验和化验 |
| 验 | 分析安全事故的隐患、原因 |

## 第四节 水利工程施工项目环境管理概述

### 一、环境管理的目的

随着经济的高速增长和科学技术的飞速发展，生产力迅速提高，新技术、新材料、新能源不断涌现，新的产业和生产工艺不断诞生，但在生产力高速发展的同时，尤其是在市场竞争日益加剧的情况下，人们往往专注于追求低成本、高利润，而忽视了环境的改善，甚至以破坏人类赖以生存的自然环境为代价。

施工项目环境管理就是在生产活动中，通过对环境因素的管理，使环境不受到污染，使资源得到节约的活动。其目的是保护生态环境，使社会的经济发展与人类的生存环境相协调。控制作业现场的各种粉尘、废水、废气、固体废弃物以及噪声、振动对环境的污染和危害，考虑能源节约和避免资源的浪费。

### 二、环境管理的特点

(1)建筑产品的固定性和生产的流动性及所受的外部环境影响因素，决定了环境管理的复杂性，稍有考虑不周就会出现问题。

(2)产品的多样性和生产的单件性决定了环境管理的多样性。由于每个建筑产品都要根据其特定要求进行施工，因此，每个施工项目都要根据其实际情况，制定环境管理计划，不可相互套用。

(3)产品生产过程的连续性和分工性决定了环境管理的协调性。在环境管理中要求各单位和各专业人员横向配合和协调，共同注意产品生产过程接口部分的环境管理的协调性。

(4)产品的委托性决定了环境管理的不符合性,这就要求建设单位和生产组织必须重视对环保费用的投入,不可进行不符合环境管理要求的活动。

(5)产品生产的阶段性决定了环境管理的持续性。施工项目从立项到投产所经历的各个阶段都要十分重视项目的环境问题,持续不断地对项目各个阶段可能出现的环境问题实施管理。

## 第五节　水利工程施工项目环境管理体系研究

### 一、环境管理体系提出的背景

环境管理是随着科学技术的发展而产生的。科学技术的发展既带来了繁荣也带来了环境保护问题。环境保护的意识是随着不断发生严重的环境问题而开始被许多国家重视的。联合国于1972年发表了《人类环境宣言》。1992年又召开了环境与发展大会,发表了《关于环境与发展的宣言》(里约热内卢宣言)、《21世纪议程》、《联合国气候变化框架条约》、《联合国生物多样化公约》等。联合国的宣言提出了环境保护的重要性,提出了可持续发展的战略思想,得到了与会国家的承认,逐步成为各国的共识。

1993年,国际标准化组织成立了环境管理技术委员会,开始对环境管理体系的国际通用标准的制定工作。1996年公布了《环境管理体系规范及使用指南》(ISO 14001),以后又公布了若干标准,形成了体系。我国从1996年开始就以等同的方式,颁布了《环境管理体系规范及使用指南》(GB/T 24001-1996 idt ISO 14001-1996),目前采用的是《环境管理体系要求及使用指南》(GB/T 24001-2004)。

环境管理体系是一个组织内部管理体系的组成部分,它包括为制定、实施、实现、评审和保持环境方针所需的组织机构、规划活动、机构职责、惯例、程序、过程和资源，还包括组织的环境方引、目标和指标等管理方面的内容。

## 二、环境管理体系的有关概念

环境管理的主要术语有以下几个。

(1)环境是指组织运行活动的外部存在，包括空气、水、土地、自然资源、植物、动物、人，以及它们之间的相互关系。

(2)环境因素是指一个组织的活动、产品或服务中能与环境发生相互作用的要素，其中具有或能够产生重大环境影响的环境因素称为重要环境因素。

(3)环境影响是指全部或部分有组织的活动、产品或服务给环境造成的任何有害或有益的变化。

(4)环境管理体系是整个管理体系的一个组成部分，包括为制定、实施、实现、评审和保持环境方针所需的组织机构、计划活动、职责、惯例、程序、过程和资源。

(5)组织是指具有自身职能和行政管理的公司、集团公司、商行、企事业单位、政府机构或社团，或是上述单位的部分或结合体，无论其是否是法人团体、公营或私营。

(6)污染预防旨在避免、减少或控制污染而对各种过程、惯例、材料或产品的采用，可包括再循环、处理、过程更改、控制机制、资源的有效利用和材料替代等。

(7)持续改进是指强化环境管理体系的过程。其目的是根据组织的环境方针，实现对整体环境表现(行为)的改进。

## 三、环境管理体系的基本内容

根据《环境管理体系要求及使用指南》(GB/T 24001-2004)，环境管理体系的基本内容由 5 个一级要素和 17 个二级要素构成，如表6-4所示。17个要素的内在关系如图6-1所示。

表6-4　环境管理体系一级、二级要素表

| | 一级要素 | 二级要素 |
|---|---|---|
| 要素名称 | 1. 环境方针 | 1. 环境方针 |
| | 2. 规划（策划） | 2. 环境因素<br>3. 法律和其他要求<br>4. 目标和指标<br>5. 环境管理方案 |
| | 3. 实施和运行 | 6. 组织结构和职责<br>7. 培训意识和能力<br>8. 信息交流<br>9. 环境管理体系文件<br>10. 文件控制<br>11. 运行控制<br>12. 应急准备和响应 |
| | 4. 检查和纠正措施 | 13. 检测和测量<br>14. 不符合、纠正和预防措施<br>15. 记录<br>16. 环境管理体系审核 |
| | 5. 管理评审 | 17. 管理评审 |

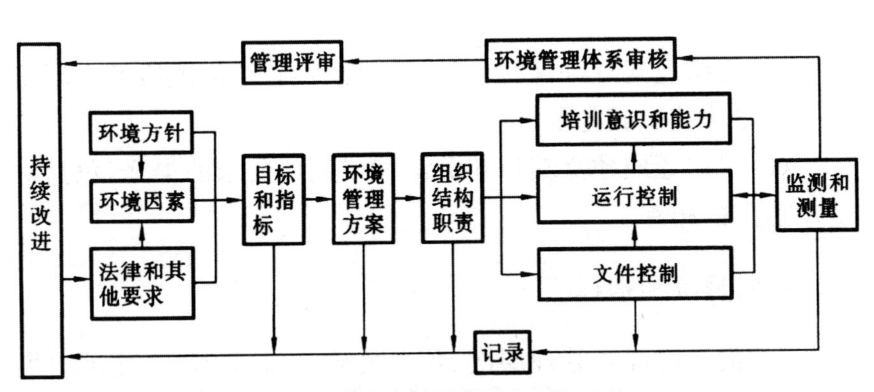


图6-1　环境管理体系各要素关系

环境管理体系的各要素的目的和意义如下。

### (一)环境方针

(1)制定环境方针是最高管理者的责任。

(2)环境方针的内容必须包括对法律的遵守及其他要求、持续改进和污染预防的承诺,并作为制定与评审环境目标和指标的框架。

(3)环境方针应适合组织的规模、行业特点,要有个性。

(4)环境方针在管理上要求形成文件,便于员工理解和相关方获取。

### (二)环境因素

(1)识别和评价环境因素,以确定组织的环境因素和重要环境因素。

(2)识别环境因素时要考虑到正常、异常和紧急“三种状态”,过去、现在、将来“三种时态”,向大气排放、向水体排放、废弃物处理、土地污染、原材料和自然资源的利用以及其他当地环境问题。

(3)应及时更新环境方面的信息,以确保环境因素识别的充分性和重要环境因素评价的科学性。

### (三)法律和其他要求

(1)组织应建立并保持程序以保证活动、产品或服务中环境因素遵守法律和其他要求。

(2)组织还应建立获得相关法律或其他要求的渠道,包括对变动信息的跟踪。

### (四)目标和指标

(1)组织内部各管理层次、各有关部门和岗位在一定的时期内均应有相应的目标和指标,并用文件表示。

(2)组织在建立和评审目标时,应考虑的因素主要有:环境影响因素、遵守法律法规和其他要求的承诺、相关方要求等。

(3)目标和指标应与环境方针中的承诺相呼应。

## (五)环境管理方案

(1)组织应制定一个或多个环境管理方案,其作用是保证环境目标和指标的实现。

(2)方案的内容一般可以有组织的目标、指标的分解落实情况,使各相关层次和职能在环境管理方案与其所承担的目标、指标相对应,并应规定实现目标、指标的职责、方法和时间等。

(3)环境管理方案应随情况变化及时做相应修订。

## (六)组织结构和职责

(1)环境管理体系的有效实施要靠组织的所有部门承担相关的环境职责。

(2)必须对每一层次的任务、职责、权限作出明确规定,形成文件并给予传达。

(3)最高管理者应指定管理者代表,并明确其任务、职责、权限。

(4)管理者代表应做到:对环境管理体系建立、实施保持负责,并向最高管理者报告环境管理体系运行情况。

(5)最高管理者应为环境管理体系的实施提供各种必要的资源。

## (七)培训意识和能力

(1)组织应明确培训要求和需要特殊培训的工作岗位和人员。

(2)建立培训程序,明确培训应达到的效果。

(3)对可能产生重大影响的工作,要有必要的教育、培训及工作经验、能力方面的要求,以保证他们能胜任所承担的工作。

### (八)信息交流

(1)组织应建立对内对外双向信息交流的程序,其功能是:能在组织的各层次和职能间交流有关环境因素和管理体系的信息,以及外部相关方信息的接收、成文、答复。

(2)特别注意涉及重要环境因素的外部信息的处理,并记录其决定。

### (九)环境管理体系文件

(1)环境管理体系文件应充分描述环境管理体系的核心要素及其相互作用。

(2)应给出查询相关文件的途径,明确查找的方法,使相关人员易于获取有效版本。

### (十)文件控制

(1)组织应建立并保持有效的控制程序,保证所有文件的实施。

(2)环境管理文件应注明日期(包括发布和修订日期),字迹清楚,标志明确,妥善保管并在规定期间予以保留等;还应及时从发放和使用场所收回失效文件,防止误用。

(3)建立并保持有关制定和修改各类文件的程序。

(4)环境管理体系重在运行和对环境因素的有效控制,应避免文件过于烦琐,以利于建立良好的控制系统。

### (十一)运行控制

(1)运行控制是对组织环境管理体系实施控制的过程,其目的是实现组织方针和目标指标,其对象是与环境因素有关的运行与活动,其手段是编制控制程序。

(2)应确保组织的方针、目标和指标及与重要环境因素有关的活动,在程序的控制下运行;当某些活动有关标准在第三层文件中已有具体规定时，程序可予以引用。

（3）对于缺乏程序指导可能偏离方针、目标、指标的运行，应建立运行控制程序，但并不要求所有的活动和过程都建立相应的运行控制程序。

（4）应识别组织使用的产品或服务中的重要环境因素，并建立和保持相应的文件程序，将有关程序与要求通报供方和承包方，以促使他们提供的产品或服务符合组织的要求。

### （十二）应急准备和响应

（1）组织应建立并保持一套程序，使之能有效确定潜在的事故或紧急情况，并在其发生前予以预防，减少可能伴随的环境影响。一旦紧急情况发生时做出响应，尽可能地减少由此造成的环境影响。

（2）组织应考虑可能会有的潜在事故和紧急情况（如组织在识别和评审重要环境因素时，就应包括这些方面的内容），采取预防和纠正的措施应针对潜在的和发生的原因。

（3）必要时特别是在事故或紧急情况发生后，应对程序予以评审和修订，确保其切实可行。

（4）可行时，按程序有关规定定期进行实验或演练。

### （十三）监测和测量

（1）对环境管理体系进行例行监测和测量，既是对体系运行状况的监督手段，又是发现问题及时采取纠正措施，实施有效运行控制的首要环节。

（2）组织应建立文件程序，其对象是对可能具有重大环境影响的运行与活动的关键特性进行监测和测量，保证监测活动按规定进行。

（3）监测的内容通常包括：组织的环境绩效（如组织采取污染预防措施收到的效果，节省资源和能源的效果，对重大环境因素控制的结果等），有关的运行控制（对运行加以控制，监测其执行程序及其运行结果是否偏离目标和指标)，目标、指标和环境管理方案的实现程度，为组织评价环境管理体系的有效性提供充分的客观依据。

(4)对监测活动，程序中应明确规定：如何进行例行监测；如何使用、维护、保管监测设备；如何记录和保管记录；如何参照标准进行评价；什么时候向谁报告监测结果和发现的问题等。

(5)组织应建立评价程序，定期检查有关法律、法规的持续遵循情况，以判断环境方针有关承诺的符合性。

### (十四)不符合、纠正与预防措施

(1)组织应建立并保持文件程序，用来规定有关的职责和权限，对不符合规定的进行处理与调查，采取措施减少由此产生的影响，采取纠正与预防措施并予以完成。

(2)对于旨在消除已存在和潜在不符合所采取纠正或预防措施，应分析原因并与该问题的严重性和伴随的环境影响相适应。

(3)对于纠正与预防措施所引起的对程序文件的任何更改，组织均应遵照实施并予以记录。

### (十五)记录

(1)组织应建立对记录进行管理的程序，明确对环境管理的标志、保存、处置的要求。

(2)程序中应规定记录的内容。

(3)对记录本身的质量要求是字迹清楚、标志清楚、可追溯。

### (十六)环境管理体系审核

(1)本条款所讲的“审核”是指环境管理内部审核。

(2)组织应制定、保持定期开展环境管理体系内部审核的程序、方案。

(3)审核程序和方案的目的是判定其是否满足符合性(即环

境管理体系是否符合对环境管理工作的预定安排和规范要求）和有效性（即环境管理体系是否得到正确实施和保持），向管理者报告管理结果。

（4）对审核方案的编制依据和内容要求，应立足于所涉及活动的环境的重要性和以前审核的结果。

（5）审核的具体内容包括：规定审核的范围、频次、方法；对审核组的要求；对审核报告的要求等。

### （十七）管理评审

（1）管理评审是组织最高管理者的职责。

（2）应按规定的时间间隔进行，评审过程要记录，结果要形成文件。

（3）评审的对象是环境管理体系，目的是保证环境管理体系的持续适用性、充分性、有效性。

（4）评审前要收集充分必要的信息，作为评审依据。

## 四、环境管理体系的建立和运行

### （一）环境管理体系的建立

#### 1. 领导决策

最高管理者亲自决策，以便获得各方面的支持和在体系建立过程中所需的资源保证。

#### 2. 成立工作组

最高管理者或授权管理者代表人成立工作小组负责建立体系。工作小组的成员要覆盖组织的主要职能部门，组长最好由管理者代表担任，以保证小组对人力、资金、信息的获取。

### 3. 人员培训

培训的目的是使有关人员了解建立体系的重要性，了解标准的主要思想和内容。

### 4. 初始状态评审

初始状态评审是对组织过去和现在的职业健康安全与环境的信息、状态进行收集、调查分析、识别和获取现有的适用的法律法规和其他要求，进行危险源辨识和风险评价、环境因素识别和重要环境因素评价。评审的结果将作为确定职业健康安全与环境方针、制定管理方案、编制体系文件的基础。初始状态评审的内容包括：

(1)辨识工作场所中的危险源和环境因素。

(2)明确适用的有关职业健康安全与环境法律、法规和其他要求。

(3)评审组织现有的管理制度，并与标准进行对比。

(4)评审过去的事故，进行分析评价，以及检查组织是否建立了处罚和预防措施。

(5)了解相关方对组织在职业健康安全与环境管理工作的看法和要求。

### 5. 制定方针、目标、指标和管理方案

方针是组织对其职业健康安全与环境行为的原则和意图的声明，也是组织自觉承担其责任和义务的承诺。方针不仅为组织确定了总的指导方向和行动准则，而且是评价一切后续活动的依据，并为更加具体的目标和指标提供一个框架。

职业健康安全及环境目标、指标的制定是组织为了实现其在职业健康安全及环境方针中所体现出的管理理念及其对整体绩效的期许与原则，与企业的总目标相一致。目标和指标制定的依据和准则如下：

(1)以方针为依据,并符合方针要求。

(2)考虑法律、法规和其他要求。

(3)考虑自身潜在的危险和重要环境因素。

(4)考虑商业机会和竞争机遇。

(5)考虑可实施性。

(6)考虑测验考评的现实性。

(7)考虑相关方的观点。

管理方案是实现目标、指标的行动方案。为保证职业健康安全和环境管理体系目标的实现,需结合年度管理目标和企业客观实际情况,策划制定职业健康安全和环境管理方案。方案中应明确旨在实现目标指标的相关部门的职责、方法、时间表以及资源的要求。

### 6. 管理体系策划与设计

体系策划与设计是依据制定的方针、目标和指标、管理方案,确定组织机构职责和筹划的各种运行程序。文件策划的主要工作如下:

(1)确定文件结构。

(2)确定文件编写格式。

(3)确定各层文件名称及编号。

(4)制定文件编写计划。

(5)安排文件的审查、审批和发布工作。

### 7. 体系文件编写

体系文件包括管理手册、程序文件和作业文件三个层次。

(1)体系文件编写的原则

职业健康安全与环境管理体系是系统化、结构化、程序化的管理体系,是遵循 PDCA 管理模式并以文件支持的管理制度和管理办法。

体系文件编写应遵循的原则:标准要求的要写到;文件写到

的要做到;做到的要有记录。

(2)管理手册的编写

管理手册是对组织整个管理体系的整体性描述,它为体系的进一步展开以及后续程序文件的制定提供了框架要求和原则规定,是管理体系的纲领性文件。管理手册可使组织的各级管理者明确体系概况,了解各部门的职责权限和相互关系,以便统一分工和协调管理。

管理手册除了反映组织管理体系需要解决的问题外,还反映出组织的管理思路和理念,同时也向组织内外部人员提供查询所需文件和记录的途径,相当于体系文件的索引。

管理手册的主要内容包括:

①方针、目标、指标、管理方案。

②管理、运行、审核和评审工作人员的主要职责、权限和相互关系。

③关于程序文件的说明和查询途径。

④关于管理手册的管理、评审和修订工作的规定。

(3)程序文件的编写

程序文件的编写应符合以下要求:

①程序文件包括需要编制程序文件体系的管理要素。

②程序文件的内容可按"4W1H"的顺序和内容来编写,即明确程序中管理要素由谁做(who),什么时间做(when),在什么地点做(where),做什么(what),怎么做(how)。

③程序文件一般格式可按照目的和适用范围、引用的标准及文件、术语和定义、职责、工作程序、报告和记录的格式以及相关文件等的顺序来设计。

(4)作业文件的编制

作业文件是指管理手册、程序文件之外的文件,一般包括作业指导书(操作规程)、管理规定、监测活动准则及程序文件引用的表格。其编写的内容和格式与程序文件的要求基本相同。在编写之前应对原有的作业文件进行清理,摘其有用的,删除无关的。

8. 文件的审查、审批和发布

文件编写完成后应进行审查,经审查、修改、汇总后进行审批,然后发布。

### (二)环境管理体系的运行

1. 管理体系的运行

管理体系运行是指按照已建立体系的要求实施,其实施的重点围绕培训意识和能力,信息交流,文件管理,执行控制程序,监测,不符合、纠正和预防措施,记录等活动推进体系的运行工作。上述运行活动简述如下。

(1)培训意识和能力

主管培训的部门应根据体系、体系文件(培训意识和能力程序文件)的要求,制定详细的培训计划,明确培训的组织部门、时间、内容、方法和考核要求。

(2)信息交流

信息交流是确保各要素构成一个完整的、动态的、持续改进的体系和基础,应关注信息交流的内容和方式。

(3)文件管理

①对现有有效文件进行整理编号,方便查询索引。

②对适用的规范、规程等行业标准应及时购买补充,对适用的表格要及时发放。

③对在内容上有抵触的文件和过期的文件要及时作废并妥善处理。

(4)执行控制程序文件的规定

体系的运行离不开程序文件的指导,程序文件及其相关的作业文件在组织内部都具有法定效力,必须严格执行,才能保证体系正确运行。

(5)监测

为保证体系正确有效地运行,必须严格监测体系的运行情况。监测中应明确监测的对象和方法。

(6)不符合、纠正和预防措施

体系在运行过程中,出现不符合要求的现象是不可避免的,就是事故也难免要发生,关键是相应的纠正与预防措施是否及时有效。

(7)记录

在体系运行过程中及时按文件要求进行记录,如实反映体系运行情况。

### 2. 管理体系的维持

(1)内部审核

内部审核是组织对其自身的管理体系进行的审核,是对体系是否正常进行以及是否达到规定的目标所做的独立检查和评价,是管理体系自我保证和自我监督的一种机制。内部审核要明确提出审核的方式方法和步骤,形成审核日程计划,并发至相关部门。

(2)管理评审

管理评审是由组织的最高管理者对管理体系进行系统评价,判断组织的管理体系面对内部情况的变化和外部环境是否充分适应有效,由此决定是否对管理体系作出调整,包括方针、目标、机构和程序等。管理评审中应注意以下问题:

①信息输入的充分性和有效性。

②评审过程十分严谨,应明确评审的内容,对相关信息进行收集、整理,并进行充分的讨论和分析。

③评审结论应该清楚明了,表述准确。

④评审中提出的问题应认真进行整改,不断改进。

(3)合规性评价

合规性评价分为公司级评价和项目组级评价两个层次。

项目组级评价是由项目经理组织有关人员对施工中应遵守的法律、法规和其他要求的执行情况进行一次合规性评价。当某个阶段施工时间超过半年时，合规性评价不少于一次。项目工程结束时应针对整个项目工程进行系统的合规性评价。

公司级评价每年进行一次，制订计划后由管理者代表组织企业相关部门和项目组，对公司应遵守的法律、法规和其他要求的执行情况进行合规性评价。

各级合规性评价后，不能充分满足合规性要求的相关活动或行为，要通过管理方案或纠正措施等方式进行逐步改进。上述评价和改进的结果应形成必要的记录和证据，作为管理评审的依据。

管理评审时，最高管理者应结合上述合规性评价的结果、企业的客观管理实际，相关法律、法规和其他要求，系统评价体系运行过程中对适用法律、法规和其他要求的遵守执行情况，并由相关部门或最高管理者提出改进要求。

# 第七章　水利工程施工项目合同管理研究

水利工程施工项目合同管理主要是水利建设主管单位、金融机构以及建设单位、监理单位、承包方依照法律和法规，采用法律的、行政的手段，对施工合同关系进行组织、指导协调和监督，保护施工合同当事人的合法权益、处理施工合同纠纷，防止和制裁违法行为，保证施工合同法规的贯彻实施等活动。对合同管理进行深入研究不但可以保护合同双方的权利，而且也保障了水利工程施工的进度。

## 第一节　水利工程施工项目合同管理概述

水利工程施工项目的合同管理是为了保证水利工程的项目法人和工程承包方能够按照合同条款共同完成水利工程。对水利工程施工项目合同的深入了解也是项目法人和工程承包方对自己的权利和义务的明确，避免因违背合同条款而承担的法律责任，影响水利工程施工项目的顺利实施。

### 一、合同的内涵

合同是我国契约形式的一种，主要是指法人与法人之间、法人与公民之间或者公民与公民之间为共同实现某个目标，在合作过程中确定双方的权利和义务而签订的书面协议。

合同是两方或者多方当事人意思表示一致的民事法律行文，合同一旦成立就具有法律效力，在双方当事人之间就发生了权利和义务的关系，当事人一方或者双方没有按照合同规定的事项履行义务，就需要按照合同条款承担相应的法律责任。

水利工程施工合同主要是指水利工程的项目法人和工程承包方为共同完成水利工程而明确了双方的权利和义务关系的一种协议，在合同中一般规定工程承包方负责完成水利工程的施工，项目法人完成工程款的支付。根据施工合同的规定确保双方能够按照合同完成各自的权利和义务，如果一方违反规定，就需要按照合同条款承担法律责任。

## 二、合同的要素

一般合同的要素包括合同的主体、客体和内容三大要素。

### （一）主体

主体主要是指合同中签约双方的当事人，也是合同中的权利与义务的承担者。一般有法人和自然人。

### （二）客体

客体主要是指合同的标的，也就是签约当事人的权利与义务所指的对象。

### （三）内容

内容主要是指合同签约当事人之间的权利与义务。

## 三、合同谈判

施工合同需明确在施工阶段承包人和发包人的权利和义务，合同谈判是施工合同签订的前提，是履行合同的基础。合同需要发包人和承包人双方按照平等自愿的合同条款和条件，全面履行各自的义务，并享受其相应的权利，才能最终实现。

### （一）施工合同谈判的内容

1. 工程范围

承包方所承担的工程范围包括施工内容、设备采购、设备安装和调试等。在签订合同时要做到明确具体、范围清楚、责任明确，否则会导致合同纠纷。

2. 付款方式

付款问题可归纳为三个方面，即价格问题、货币问题、支付方式问题。承包人应对合同的价格调整、合同规定的货币价值浮动的影响、支付时间、支付方式和支付保证金等条款在谈判中予以充分的重视。

3. 合同计价

合同依据计价方式的不同，主要有总价合同、单价合同和成本加酬金合同，在谈判中要根据工程项目的特点加以确定。

4. 工期和维修期

(1)被授标的承包人首先应根据投标文件中自己填报的工期及考虑工程量的变动而产生的影响，与发包人确定最后工期。若有可能，发包人应根据承包人的项目准备情况、季节和施工环境因素等与承包人商洽一个适当的开工日期。

(2)单项工程较多的项目应争取分批竣工，提交发包人验收，并从该批验收起计算该部分的维修期；应规定在发包人验收并接收前，承包人有权不让发包人随意使用等条款，以缩短自己的责任期限。

(3)承包人应力争用维修保函来代替发包人扣留的保证金，

这对发包人并无风险，是一种比较公平的做法。

(4)合同文本中应当对保修工程的范围、保修责任及保修期的开始和结束时间有明确的说明，承包人应该只承担由于材料和施工方法及操作工艺等不符合规定而产生缺陷的责任。

(5)合同中应明确承包人保留由于工程变更、恶劣的气候影响等原因对工期产生不利影响时要求合理地延长工期的权利。

5. 完善合同条件

完善合同条件包括关于合同图纸、合同的措辞、违约罚金和工期提前奖金、工程量验收以及衔接工序和隐蔽工程施工的验收程序等，还包括施工占地，开工日期和工期，关于向承包人移交施工现场和基础资料，关于工程交付、预付款保函的自动减款条款等。

## (二)合同最后文本的确定和合同的签定

1. 合同文件内容

(1)水利工程施工合同文件构成：合同协议书、工程量及价格单、合同条件、投标人须知、合同技术条件(附投标图纸)、发包人授标通知、双方共同签署的合同补遗(有时也以合同谈判会议纪要形式表示)、中标人投标时所递交的主要技术和商务文件、其他双方认为应作为合同的一部分文件。

(2)对所有在招投标及谈判前后各方发出的文件、文字说明、解释性资料进行清理，对凡是与上述合同构成相矛盾的文件应宣布作废。可以在双方签署的合同补遗中，对此作出排除性质的说明。

2. 关于合同协议的补遗

在合同谈判阶段，双方谈判的结果一般以合同补遗的形式表示，有时也可以以合同谈判纪要形式形成书面文件。这一文件将成为合同文件中极为重要的组成部分，因为它最终确认了合同签定人之间的意志，所以在合同解释中优先于其他文件。

3. 合同的签订

发包人在合同谈判结束后，应按上述内容和形式完成一个完整的合同文件草案，并经承包人授权代表认可后正式形成文件，承包人代表应认真审核合同草案的全部内容，在双方认为满意并核对无误后，由双方代表草签，至此合同谈判阶段即告结束。此时，承包人要及时准备和递交履约保函，准备正式签署施工承包合同。

## 第二节 水利工程施工项目的 FIDIC 合同条件研究

FIDIC 是目前世界上最具权威的国际工程咨询工程师组织(Fédération Intemationale Des Ingénieus Conseils)，它的各种出版物得到了世界很多组织的认可和实施，也是目前工程咨询行业的重要参考文献，同时也推动了世界范围内的工程咨询服务业的大力发展。

### 一、FIDIC 合同条件的特点

#### (一)具有国际性、权威性和广泛的使用性

FIDIC 合同条件是在总结目前国际上使用的工程合同管理方面经验积累的基础上制定的，也是不断总结世界各国家的业主、承包方和工程咨询师各个方面经验的基础上汇编出来的，是现在国际上最具权威的合同条件，也是目前国际上招标工程中使用范围最广泛的合同条件。在中国，有关部委编制的合同条件和协议书范本也都把 FIDIC 系列合同条件作为重要的参考

文本。世界银行、亚洲开发银行、非洲开发银行等国际金融机构组织的贷款项目，规定必须采用 FIDIC 系列合同条件。同时，FIDIC 条件既保证了一般的、普遍的使用性，又照顾了合同双方的特殊要求和工程特点，因此，使用范围非常广泛。

#### （二）公正合理

FIDIC 合同条件较为公正地考虑了合同双方的利益，包括合理地分配工程责任，合理地分配工程风险，为双方确定一个合理的价格奠定了良好的基础。合同在确定工程师权利的同时，又要求其必须公正地行事，从而进一步保证了合同条件的公正性。

#### （三）程序严谨，易于操作

合同条件中处理各种问题的程序非常严谨，特别强调要及时地处理和解决问题，以避免由于拖拉而产生的不良后果。另外，还特别强调各种书面文件及证据的重要性，这些规定使各方有章可循，易于操作和实施。

#### （四）强化了工程师的作用

FIDIC 合同条件明确规定了工程师的权利和职责，赋予工程师在工程管理方面的充分权利。工程师是独立的、公正的第三方，工程师是受业主聘用，负责合同管理和工程监督。要求承包方严格遵守和执行工程师的指令，简化了工程项目管理中一些不必要的环节，为工程项目的顺利实施创造了条件。

### 二、FIDIC《施工合同条件》

#### （一）业主的权利和义务

1. 业主的权利

（1）业主有权要求承包方按照合同规定的工期提交质量合

格的工程。

(2)业主有权同意合同的转让。

(3)业主有权选择和指定分包商。

(4)在承包方出现不愿意执行工程师指令或者出现没有能力执行工程项目的时候,业主有权雇佣其他的承包方来继续完成工程项目。

(5)业主应该对承包方的材料、设备和临时工程的损失不承担赔偿责任,除了属于业主自己产生的风险外。

(6)在出现以下一些情况下,业主可以提出终止合同。

①承包方已经面临破产或者失去偿付能力。

②承包方没有经过业主同意就转让合同。

③承包方在建设工程的时候,无视工程师的警告,执意地或者故意地忽视合同中所规定的义务。

④承包方在没有正当理由的情况下,在接到工程师可以开始施工的指令后没有按期开工。

⑤承包方延迟工期,并且无视工程师的警告,拒绝采取加快施工的措施。

⑥承包方否认合同的有效性。

在合同履行的过程中,如果出现双方不可抗力的情况,比如地震、战争等,业主有权提出终止合同。

(7)遇到争议的时候,业主有权申请仲裁。

2. 业主的义务

(1)工程项目的合同协议书应该由业主进行编制。

(2)业主应该承担拟定和签定合同中所产生的费用,并且承担合同所规定的工程项目的设计文件以外的其他设计所产生的费用。

(3)业主应该委派项目工程师进行对工程的监督和管理。

(4)业主应当批准承包方的履约担保、担保机构以及保险条件。

(5)业主应该配合承包方办理有关工程审批等事务。

(6)业主应该按时提供施工现场。

(7)业主应该按照合同规定的时间提供项目施工的图纸。

(8)业主应该按照合同规定的支付方式和支付款项按时把项目款支付给承包方。

(9)业主应该负责移交工程的照管责任。

(10)业主应该承担有关的工程风险。

(11)业主应该对自己授权在现场的工作人员的安全承担全部责任。

### (二)承包方的权利和义务

#### 1. 承包方的权利

(1)承包方有权进入施工现场。

(2)对已经完工的工程,承包方有权得到合同中规定的工程款项。

(3)承包方有权提出工期和费用索赔的权利。

(4)如果出现以下几种情况,承包方有权终止合同或者暂停工程施工。

①业主在合同规定的应付款时间内超过 42 天还没有把工程款支付给承包方。

②业主故意干涉、阻扰或者拒绝工程师颁发付款证书。

③业主面临破产或者已经不具备继续履行合同义务的能力。

(5)承包方有权拒绝业主准备撤换的工程师。

(6)承包方有权申请仲裁。

#### 2. 承包方的义务

(1)承包方必须遵守工程所在地的法律和法规。

(2)承包方需要确认签定合同的正确性和完备性。

(3)承包方需对设计的工程图纸和相关材料承担法律责任。

(4)承包方应该按照合同规定的时间按时提交工程进度计划和项目现金流量的估算。

(5)承包方可任命工程的项目经理。

(6)承包方应该根据工程师给定的标准进行准确的放线。

(7)承包方对整个工程的质量承担责任。

(8)承包方必须执行工程师发出的各种指令并且为工程师的检验提供条件和配合。

(9)承包方应承担其工程责任范围内的有关费用。

(10)承包方应按照合同规定的时间按期完工。

(11)承包方应该对工程施工现场的安全和卫生负责。

(12)承包方应该负责工程原材料、设备等的照管工作。

(13)承包方应该对其他的承包方提供方便。

(14)遇到工程现场发生意外的情况,承包方应该及时通知工程师并且对意外做出最大程度的挽救和保护。

### (三)工程师的权力和职责

工程师是受业主委托,负责合同履行的协调管理和监督施工的独立的第三方(监理工程师)。FIDIC《施工合同条件》的一个突出特点,就是在众多的条款中赋予了不属于合同签约当事人的工程师在合同管理方面的充分权力。工程师可以行使合同内规定的所有权力,也可以行使合同引申的权力。不仅承包商要严格遵守并执行工程师指令,而且工程师的决定对业主也同样具有约束力。

#### 1. 工程师的权力和责任

(1)工程师无权修改合同。

(2)工程师可以行使合同中规定的,或必然隐含的应属于工程师的权力。如果要求工程师在行使规定的权力前必须取得业主的批准,这些要求应在专用条件中写明。

(3)除得到承包商的同意外，业主承诺不对工程师的权力做进一步的限制。但是，每当工程师行使需由业主批准的规定权力时，则应视为业主已予批准，除非合同条件中有以下相关的规定。

①每当工程师履行或行使合同规定或隐含的任务或权力时，应视为代表业主执行。

②工程师无权解除任一方根据合同规定的任何任务、义务或职责。

③工程师的任何批准、校核、证明、同意、检查、检验、指示、通知、建议、要求、试验或类似行为，不应解除合同规定的承包商的任何职责，包括错误、遗漏、误差和未遵照办理的职责。

(4)工程师在工程管理中具体的权力如下。

①质量管理方面，主要表现在对运抵施工现场材料、设备质量的检查和检验，对承包商施工过程中的工艺操作进行监督，对已完成工程部位质量的确认或拒收，发布指令要求对不合格工程部位采取补救措施。

②进度管理方面，主要表现在审查批准承包商的施工进度计划，指示承包商修改施工进度计划，发布开工令、暂停施工令、复工令和赶工令。

③费用管理方面，主要表现在确定变更工程的估价，批准使用暂定金额和计日工，签发各种给承包商的付款证书。

④合同管理方面，主要表现在解释合同文件中的矛盾和歧义，批准分包工程，发布工程变更指令，签发“工程接收证书”和“履约证书”，审核承包商的索赔。行使合同引申的权力。

### 2. 工程师的指令

工程师可以随时按照合同规定向承包方发出指示和提供实施工程及修补缺陷可能需要的附加说明或者工程图纸。承包方必须接受工程师的指令。

工程师发出的指令一般应采用书面形式。如果工程师给出的是口头指示，承包方应该在2个工作日内向工程师发出指示的书面内容，并要求指示的书面内容进行确认。工程师在收到书面确认后2个工作日内，如果未发出书面拒绝或者未对指示进行答复，这时候就应该认为是工程师的书面指示。

## 三、水利水电土建工程施工合同条件简介

2000年，水利部、国家电力公司、国家工商行政管理局联合颁发了《水利水电工程施工合同和招标文件示范文本》，包括《水利水电土建工程施工合同条件》、《水利水电工程施工合同招标文件》和《水利水电工程施工合同技术条款》。《水利水电土建工程施工合同条件》适用于作为我国水利水电工程施工合同范本，凡列入国家或地方建设计划的大中型水利水电工程均可使用，小型水利水电工程则可参照使用。

《水利水电土建工程施工合同条件》由通用合同条款、专用合同条款和通用合同条款使用说明三部分组成。

通用条款是根据《中华人民共和国合同法》、《中华人民共和国建筑法》、《建设工程施工合同管理办法》等法律、法规对承包人和发包人双方的权利、义务作出的规定，除双方协商一致对其中的某些条款做了修改、补充或取消外，双方都必须履行。它是将建设工程施工合同中共性的一些内容抽象出来编写的一份完整的合同文件。通用条款具有很强的通用性，基本适用于各类水利水电土建工程。通用条款共二十二部分60条。这二十二部分内容如下。

(1)词语含义。

(2)合同条件。

(3)双方一般义务和责任。

(4)履约担保。

(5)监理人和总监理工程师。

(6)联络。

(7)图纸。

(8)转让和分包。

(9)承包商的人员及管理。

(10)材料和设备。

(11)交通运输。

(12)工程进度。

(13)工程质量。

(14)文明施工。

(15)计量与支付。

(16)价格调整。

(17)变更。

(18)违约。

(19)争议的解决。

(20)风险和保险。

(21)完工与保修。

(22)其他。

考虑到水利水电土建工程的内容各不相同,造价也随之不同,发包人各自的能力、施工现场的环境和条件也各不相同,通用条款也不能完全适用于每一个工程项目。因此,配之以专用条款对其作必要的修改和补充,也可以使得通用条款和专用条款成为双方统一意愿的体现。专用条款的条款号与通用条款相一致,但是专用条款内容中有很多空白,这些空白需要当事人根据工程的具体情况进行补充和填写。

## 第三节　水利工程施工项目合同的实施与管理研究

水利工程施工项目合同是由发包人和承包人签订的为共同完成合同规定的各种工作所需要的全部文件和图纸,以及在协议书中明确列入的其他文件和图纸。对项目合同的实施和管理研究也是现在热门的研究方向，只有对项目合同进行有效的管理，才能使得工程项目能够顺利地实施。

## 一、合同分析

合同分析是将合同目标和合同条款规定落实到合同实施的具体问题和具体事件上，用于指导具体工作，使合同能顺利履行。合同分析是工程施工合同管理的起点。

### （一）施工合同分析的必要性

（1）在一个水利枢纽工程中，施工合同往往有几份、十几份甚至几十份，各合同之间相互关联。

（2）合同文件和工程活动的具体要求（如工期、质量、费用等）、合同各方的责任关系、事件和活动之间的逻辑关系错综复杂。

（3）许多参与工程的人员听涉及的活动和问题仅为合同文件的部分内容，因此合同管理人员应对合同进行全面分析，再向各职能人员进行合同交底以提高工作效率。

（4）合同条款的语言有时不够明了，必须在合同实施前进行分析，以方便进行合同的管理工作。

（5）在合同中存在的问题和风险包括合同审查时已发现的风险和还可能隐藏着的风险，在合同实施前有必要作进一步的全面分析。

（6）在合同实施过程中，双方会产生许多争执，解决这些争执也必须对合同进行分析。

### （二）合同分析的内容

#### 1. 合同的法律背景分析

分析合同签订和实施所依据的法律、法规，承包人应了解适用于合同的法律的基本情况(范围、特点等),指导整个合同实施和索赔工作,对合同中明示的法律要重点分析。

### 2. 合同类型分析

类型不同的合同,其性质、特点、履行方式不一样,双方的责任、权利关系和风险分担也不一样。这直接影响合同双方的责任和权利的划分,影响工程施工中合同的管理和索赔。

### 3. 承包人的主要任务分析

(1)承包人的责任,即合同标的。承包人的责任包括:承包人在设计、采购、生产、试验、运输、土建、安装、验收、试生产、缺陷责任期维修等方面的责任;施工现场的管理责任;给发包人的管理人员提供生活和工作条件的责任等。

(2)工作范围。它通常由合同中的工程量清单、图纸、工程说明、技术规范定义。工程范围的界限应很清楚,否则会影响工程变更和索赔,特别是固定总价合同的工作范围。

(3)工程变更的规定。重点分析工程变更程序和工程变更的补偿范围。

### 4. 发包人的责任分析

发包人的责任分析主要是分析发包人的权利和合作责任。发包人的权利是承包人的合作责任,是承包人容易产生违约行为的地方;发包人的合作责任是承包人顺利完成合同规定任务的前提,同时又是承包人进行索赔的理由。

### 5. 合同价格分析

应重点分析合同采用的计价方法、计价依据、价格调整方法、合同价格所包括的范围及工程款结算方法和程序。

### 6. 施工工期分析

分析施工工期，合理安排工作计划，在实际工程中，工期拖延极为常见和频繁，对合同实施和索赔影响很大，要特别重视。

### 7. 违约责任分析

如果合同的一方未遵守合同规定，造成对方损失，则应受到相应的合同处罚。

违约责任分析主要分析如下内容。

(1)承包人不能按合同规定的工期完成工程的违约金或承担发包人损失的条款。

(2)由于管理上的疏忽而造成对方人员和财产损失的赔偿条款。

(3)由于预谋和故意行为造成对方损失的处罚和赔偿条款。

(4)由于承包人不履行或不能正确履行合同责任，或出现严重违约时的处理规定。

(5)由于发包人不履行或不能正确履行合同责任，或出现严重违约时的处理规定，特别是对发包人不及时支付工程款的处理规定。

### 8. 验收、移交和保修分析

(1)验收

验收包括许多内容，如材料和机械设备的进场验收、隐蔽工程验收、单项工程验收、全部工程竣工验收等。

在合同分析中，应对重要的验收要求、时间、程序以及验收所带来的法律后果作出说明。

(2)移交

竣工验收合格即办理移交。应详细分析工程移交的程序，对工程尚存的缺陷、不足之处以及应由承包人完成的剩余工作，发包人可保留其权利，并指令承包人限期完成，承包人应在移交证书上注明的日期内尽快地完成这些剩余工程或工作。

(3)保修

分析保修期限和保修责任的划分。

9. 索赔程序和争执解决的分析

重点分析索赔的程序、争执的解决方式和程序以及仲裁条款，包括仲裁所依据的法律，仲裁地点、方式和程序，仲裁结果的约束力等。

## 二、合同控制

合同控制能使项目管理人员在整个施工过程中都能清楚地了解合同的实施情况，对合同实施现状、趋向和结果有一个清醒的认识，找出合同实施过程中出现的偏离，并及时采取措施纠正，最终达到合同总目标的实现。

### (一)合同控制的依据

(1)合同和合同分析结果，如各种计划、方案、商洽变更文件等。

(2)各种实际的工程文件，如原始记录，各种工程报表、报告、验收结果、计量结果等。

(3)工程管理人员每天对现场的书面记录。

### (二)合同控制的内容

1. 预付款控制

预付款是承包工程开工以前业主按合同规定向承包人支付的款项，以供承包人购置施工机械设备和材料，以及在工地设置生产、办公和生活设施的开支。预付款金额一般以合同总价的百分数表示,常见的是合同总价的10%~15%,世界银行贷款项目,通常规定预付款不得超过合同价的20%。

预付款实际上是业主对承包人的无息贷款,在工程开工以后,从每期工程进度款中逐步扣还。通常对于预付款,业主要求承包商出具预付款保证书。

工程合同的预付款,按世界银行采购指南规定分为以下几种。

(1)调遣预付款:用做承包商施工开始的费用开支,包括临时设施、人员设备进场、履约保证金等费用。

(2)设备预付款:用于购置施工设备。

(3)材料预付款:用于购置建筑材料。其数额一般为该材料发票价的75%以下,在月进度付款凭证中办理。

#### 2. 工程进度款

工程进度款一般按月支付,是工程价款的主要部分,它根据实际进度所完成的工程量的价格,加上或扣除相应款项计算而得。在每月月底以后,承包商应尽早向监理工程师提交该月已完工程量的进度款付款申请。

承包商要核实投标及变更通知后报价的计算数字是否正确、核实申请付款的工程进度情况及现场材料数量、已完工程量,项目经理签字后交驻地监理工程师审核,驻地监理工程师批准后转交业主付款。

#### 3. 保留金

保留金也称滞付金,是承包商履约的另一种保证,通常是从承包商的进度款中扣下一定百分比的金额,以便在承包商违约时起补偿作用。在工程竣工后,保留金应在规定的时间退还给承包商。

4. 浮动价格计算

人工、材料、机械设备价格的变动会影响承包商的工程施工成本。如果合同规定不按浮动价格计算工程价格，承包商就会预测到由合同期内的风险而增加费用，该费用应计入标价中。一般来说，短期的预测结果还是比较可靠的，但对远期预测就可能很不准确，这就造成承包商不得不大幅度提高标价以避免未来风险带来的损失。这种做法难以正确估计风险费用，估计偏高或偏低，无论是对业主和承包商来说都是不利的。为获得一个合理的工程造价，工程价款支付可以采用浮动价格的方法来解决。

浮动价格计算方法考虑的风险因素很多，计算比较复杂。实际上也只能考虑风险的主要方面，如工资、物价上涨，按照合同规定的浮动条件进行计算。

(1)要确定影响合同价较大的重要计价要素，如水泥、钢材、木材的价格和人工工资等。

(2)确定浮动的起始条件，一般都要在物价等因素波动到5%～10%时才进行调整。

(3)确定浮动物价依据的时间和地点。地点一般为工程所在地或指定某地；时间即是指某月某日。一般称签约时的市场价格为基础价格，称支付前(一般为 10 天)的市场价格为浮动价格。

(4)确定每个要素的价格影响系数，即其价格对造价的影响百分比和其他要素在总造价中的比重所定的固定系数。价格影响系数和固定系数的关系为

$$K_1+K_2+K_3+K_4+K_5=1$$

调整后的价格为

$$P_1=P_0\left(K_1\frac{C_1}{C_0}+K_2\frac{F_1}{F_0}+K_3\frac{B_1}{B_0}+K_4\frac{S_1}{S_0}+K_5\right)$$

式中：$P_1$ 表示调整后的价格；

$P_0$ 表示合同价格；

$C_1$、$F_1$、$B_1$、$S_1$ 表示波动后水泥、钢材、木材的价格和人工工资；

$C_0$、$F_0$、$B_0$、$S_0$ 表示签合同时水泥、钢材、木材的价格和人工工资；

$K_1$、$K_2$、$K_3$、$K_4$ 表示水泥、钢材、木材的价格和人工工资的影响系数；

$K_5$ 表示固定系数。

采取浮动价格机制后，业主承担了涨价风险，但承包方可以提出合理报价。浮动价格机制使承包方不用承担风险，它不会给承包方带来超利润和造价难以估量的损失。因而减少了承包方与业主之间不因物价、工资价格波动带来的纠纷，使得工程能够顺利实施。

5. 结算

当工程接近尾声时要进行大量的结算工作。同一合同中可能既包括按单价计价项目，又包括按总价付款项目。当竣工报告已由业主批准，该项目已被验收时，即应支付项目的总款额。按单价结算的项目，在工程施工已按月进度报告付过进度款，由现场监理人员对当时的工程进度工程量进行核定，核定承包人的付款申请并付了款，但当时测定的工程量可能准确也可能不准确，所以该项目完工时应由一支测量队来测定实际完成的工程量，然后按照现场报告提供的资料，审查所用材料是否该付款，扣除合同规定已付款的用料量，成本工程师则可标出实际应当付款的数量。承包人自己的工作人员记录的按单价结算的材料使用情况与工程师核对，双方确认无误后支付项目的结算款。

## 第四节　水利工程施工项目合同的索赔研究

索赔是在合同实施过程中，合同中的一方由于对方违约或存在其他过错，或者是虽然没有过错但是没有尽到防止意外产生的义务而造成了损失的情况下，要求对方给予赔偿的法律行为。对水利工程施工项目合同的索赔研究可以更好地维护合同双方的利益，保障合同双方能够严格按照合同条款进行友好合作，共同完成水利工程。

### 一、索赔的主要特性

(1)索赔是合同管理的一项正常的规定，一般合同中规定的工程赔偿款是合同价的7%～8%。

(2)索赔作为一种合同赋予双方的具有法律意义的权利主张，其主体是双向的。在工程施工合同中，业主与承包方都有索赔的权利，业主可以向承包方索赔，同样承包方也可以向业主索赔。而在现实工程实施中，大多数出现的情况是承包方向业主提出索赔。由于承包方向业主进行索赔申请的时候，没有很烦琐的索赔程序，所以在一些合同协议书中一般只规定了承包方向业主进行索赔的处理方法和程序。

(3)索赔必须建立在损害结果已经客观存在的基础上。不管是时间损失还是经济损失，都需要有客观存在的事实，如果没有发生就不存在索赔的情况。

(4)索赔必须以合同或者法律法规为依据。只有一方存在违约行为，受损方就可以向违约方提出索赔要求。

(5)索赔应该采用明示的方式，需要受损方采用书面形式提出，书面文件中应该包括索赔的要求和具体内容。

(6)索赔的结果一般是索赔方可以得到经济赔偿或者其他

赔偿。

## 二、索赔的程序

索赔的程序如图 7-1 所示。

### (一)索赔意向通知

当索赔事项出现时,承包商将索赔意向在事项发生的 28 天内以书面形式通知工程师。

索赔意向通知书的内容包括以下几方面。

(1)事件发生的时间和情况的简单描述。

(2)索赔依据的合同条款和其他理由。

(3)有关后续资料的提供,包括及时记录和提供事件发展的动态。

(4)对工程工期产生不利影响的严重程度,以期引起工程师或业主的注意。

### (二)索赔报告提交

承包商在提出索赔后,要抓紧准备索赔资料,计算索赔款额,或计算所必需的工期延长天数,在合同规定的时限内及时递送正式的索赔报告书。索赔报告内容主要包括索赔的合同依据、索赔理由、索赔事件发生的经过、索赔要求(费用补偿或工期延长)及计算方法,并附相应证明材料。索赔报告书一般包括以下几个部分。

#### 1. 总论部分

总论部分应包括序言、索赔事项概述、具体索赔要求、工期延长天数或索赔款额、报告书编写及审核人员。

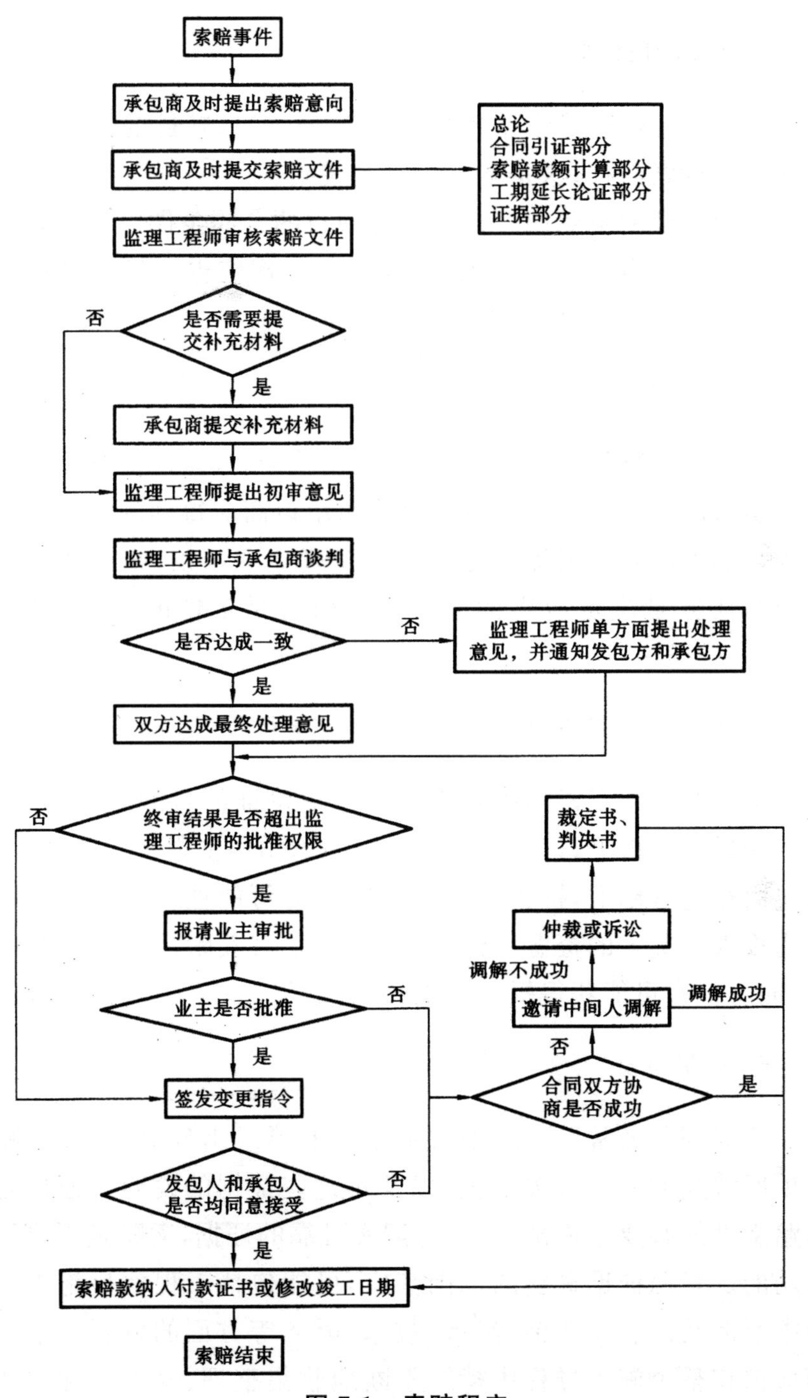
索赔事件
承包商及时提出索赔意向
承包商及时提交索赔文件
总论
合同引证部分
索赔款额计算部分
工期延长论证部分
证据部分
监理工程师审核索赔文件
是否需要提交补充材料
否
是
承包商提交补充材料
监理工程师提出初审意见
监理工程师与承包商谈判
是否达成一致
否
监理工程师单方面提出处理意见，并通知发包方和承包方
是
双方达成最终处理意见
终审结果是否超出监理工程师的批准权限
否
是
报请业主审批
业主是否批准
否
是
签发变更指令
发包人和承包人是否均同意接受
否
是
裁定书、判决书
仲裁或诉讼
调解不成功
邀请中间人调解
调解成功
否
合同双方协商是否成功
是
索赔款纳人付款证书或修改竣工日期
索赔结束

图 7-1　索赔程序

2. 合同引证部分

合同引证部分是索赔报告关键部分之一，其目的是承包商论述自己有索赔权，这是索赔成立的基础。

合同引证的主要内容是该工程项目的合同条件以及工程所在国有关此项索赔的法律规定，说明自己理应得到经济补偿或工期延长，或两者均应获得。

3. 索赔款项计算部分

在论证索赔权以后，接着计算索赔款额，具体论证合理的经济补偿款额。款额计算的目的是说明承包商应得到的经济补偿款额。如果说合同引证部分的目的是确立索赔权，则款额计算部分的任务是决定应得的索赔款。前者是定性的，后者是定量的。

4. 工期延长论证部分

承包商在施工索赔报告中进行工期论证的目的，首先是获得工期延长的依据，以免因工期延误而承担经济损失。其次是，承包商在此基础上，探索获得经济补偿的可能性。因为如果承包商投入了更多的资源，就有权要求业主对其附加开支进行补偿，同时也有可能获得提前竣工的“奖金”。

5. 证据部分

证据部分通常以索赔报告书附件的形式出现，包括该索赔事项所涉及的一切有关证据，以及对这些证据的说明。证据是索赔文件的必要组成部分，没有翔实可靠的证据，索赔是不可能成功的。索赔证据资料的范围甚广，可能包括工程项目施工过程中所涉及的有关政治、经济、技术、财务等方面的资料。承包商应该在整个施工过程中持续不断地收集整理、分类储存这些资料。

### (三)工程师对索赔的处理

工程师在收到承包商索赔报告后，应及时审核索赔资料，并在合同规定时限内给予答复或要求承包商进一步补充索赔理由和证据，逾期可视为该项索赔已经被认可。

### (四)索赔谈判

工程师提出索赔处理的初步意见后，发包人和承包人就此进行索赔谈判，作出索赔的最后决定。若谈判失败，则可进入仲裁与诉讼程序。

### (五)索赔期限

#### 1. 提出索赔意向通知书的期限

承包人应在知道或应当知道索赔事件发生后28天内，向监理人递交索赔意向通知书，并说明发生索赔事件的事由。承包人未在前述28天内发出索赔意向通知书，则丧失要求追加付款和(或)延长工期的权利。

#### 2. 提出索赔的期限

(1)承包人按合同约定接受了完工付款证书后，被认为已无权再提出在合同工程完工证书颁发前所发生的任何索赔。

(2)承包人按合同约定提交的最终结清申请单中，只限于提出工程完工证书颁发后发生的索赔。提出索赔的期限自接受最终结清证书时终止。

# 第八章　水利工程项目的招标与投标研究

工程招标、投标是我国社会主义市场经济发展的必然趋势，也是提高国内工程管理工作的一种必要手段。同时，通过招标、投标可以鼓励竞争、防止垄断。水利工程是一种特殊商品，对水利工程建设项目施工实行招标、投标，可以达到控制建设工期、确保工程质量、降低工程造价和提高投资效益的目的。1995 年水利部发布的《水利建设项目施工招标投标管理规定》，用以规范我国水利工程建设项目的招标、投标工作。

## 第一节　水利工程项目的招标与投标概述

招标、投标是市场经济条件下的一种商品交易竞争方式，通常用于大型交易。工程招标、投标是国际上广泛采用的分派建设任务的交易方式，在进行工程项目施工以及设备、材料采购和服务时，业主可以通过招标方式从投标人中选定适合的承包方。我国水利工程自 1982 年鲁布革水电站引水隧洞工程采用国际招标以来，逐步采用招标、投标制度并且得到了广泛的应用。

### 一、水利工程项目的招标

#### (一)招标方式

招标主要是指招标人对货物、工程和服务，事先公布采购的条件和要求，邀请投标人参加投标，招标人按照规定的程序进行，最后确定中标人的一系列活动。

一般来说，招标方式主要有两种，公开招标和邀请招标。

1. 公开招标

公开招标主要是指招标人以招标公告的方式，邀请不特定的法人或者组织参与投标。其特点是保证竞争的公平性。

2. 邀请招标

邀请招标主要是指招标人以投标邀请书的形式，邀请三个以上的特定的法人或者组织参与投标。对这种形式的采用相关法律作出了一定的限制条件。

### （二）招标条件

（1）初步设计及概算已经批准。

（2）建设项目已列入国家、地方的年度投资计划；招标项目的相应资金或者资金来源得到保障。

（3）已经与设计单位签定了适应施工进度要求的图纸交付合同或者协议。

（4）项目的材料来源已经落实，并且能够满足合同工期的进度要求。

（5）有关建设项目永久征地、临时征地和移民搬迁的实施、安置工作已经落实或者已经有明确的安排。

（6）施工准备工作基本完成，具备施工单位进入现场的施工条件。

（7）施工招标申请书已经上报招标投标管理机构得到批准，或者已经向有关行政管理部门备案。

（8）已经在相应的水利质量监督机构办理好监督手续。

### (三)招标程序

招标程序,就是招标工作中应该遵循的先后次序。它反映了招标投标的基本规律。

#### 1. 准备阶段

(1)申报招标

招标前的各项工作准备就绪后,应向代表政府行使工程招标管理权力的部门提出申请书,经过审批和核准后方可招标。招标单位在提出申请报告后,应接受主管部门对其是否具有招标资格进行全面审查。主要是审查建设单位及所委托的招标单位是否具有法人资格;投资项目是否进行了可行性研究与论证;是否具备编制招标文件和标底的能力;是否具备进行投标单位资格审查和组织评标、决标的能力。

(2)编制招标文件

编制招标文件是招标工作中的一项重要内容,其实质性的部分需字字斟酌,反复推敲,应避免含混不清的词句和自相矛盾的条款,数字要反复校对,防止差错,特别是涉及报价的规定不应出现遗漏,甚至需要聘请咨询单位和法律顾问提供咨询意见。

招标文件主要由文字说明和图纸两部分组成。

(3)确定标底

编制招标文件时,一般以拟建工程项目的施工图和有关定额为依据,编制施工图预算。通常把这一预算造价作为“标底”。

#### 2. 招标阶段

(1)发出招标信息

工程招标经有关部门审批即可对外发出招标信息。通常有两种方式。

①发布招标广告(适用于公开招标),利用报刊、杂志、广播、电视等宣传手段,在社会上广为传播。

②寄发招标通知(适用于邀请招标),书面邀请有关施工企业前来参加投标。

招标信息内容主要有以下几个方面。

①招标项目名称。

②工程建设地点、现场条件。

③工程内容:包括工程规模和招标项目。

④招标程序和投标手续、建设工期、质量要求。

⑤参加投标者的资历和对投标者的要求。

⑥招标单位名称及联系人。

⑦招标文件的供应办法。

⑧申报投标的手续和报名截止日期,投标与开标的时间。

(2)资格预审

在公开招标时,通常在发售招标文件之前,要对参加投标的单位进行资格审查。凡持有《水利水电施工企业资格等级证书》的水利水电施工企业,均可参加与其资质相适应的水利水电工程施工投标。非水利水电行业的施工企业参加投标,其资质应符合水利水电施工企业资格等级标准,对参加有特殊水工技术要求的工程项目投标,还应取得水利水电部门招标、投标管理单位核发的针对该工程项目的投标许可证。

资格预审的目的,在于了解投标单位的资格、实力、信誉,限制不符合条件的企业(包括越级承包)盲目参加投标,但不得借故拒绝合格者参加投标。主要审查内容包括:法人资格、施工经验、技术力量、企业信誉、财务状况。

经审查后,可分为完全合格、基本合格或不合格三种情况。对不符合条件的投标单位,招投单位要及时通知不再参加下一步投标。

(3)发售招标文件

对预审后合格的投标单位,应及时发出同意其参加投标的邀请书,并通知其前来购买投标文件。对不合格的投标者,也要去信婉言谢绝。

招标文件(包括图纸)是投标单位了解招标工程详细情况，决定是否参加投标和编写投标文件的主要依据。招标文件可在规定时间、地点发售，或者通过函购，由招标单位及时邮寄出。

招标文件一旦发出，不得擅自更改，如确需补充和修改，则应在招标截止日期前15天内，以正式文件通知到各投标单位(外地以收到通知的邮戳日期为准)，否则投标截止日期应后延。

(4)质疑与勘察

招标单位要按规定时间组织投标单位到现场勘察，了解拟建工程的自然环境、施工条件、市场情况，为投标单位到现场收集有关资料提供方便。

招标单位还要组织一次会议，介绍工程情况和有关招标事宜。投标单位如果对招标文件有不理解或含混不清之处，以及在勘察现场中所希望进一步了解的问题，可提出来要求招标单位解释清楚。招标单位有新的补充和修订，也可在会上详加说明。招标单位在会上会下解答投标单位的问题，应以书面为准，而口头解答，并不具有约束力。并应进行汇总，归类作为补充通知的形式，告知所有参加投标者。这些补充通知与招标文件具有同等效力。在投标截止日期前15日内，招标单位不再解答问题。

(5)接受投标文件

从发售招标文件之日起，至投标截止之日止，根据工程规模和难易程度，至少应有1～3个月的编制投标文件时间，特大型工程为3～6个月，保证投标单位有较充裕的时间进行分析认证，编好投标文件。

接收投标文件，可在截止日期内直接投入密封箱内，也可用密封邮寄(外地)方式，但应以邮戳日期为准。招标单位在收到投标书时，要检查邮件密封情况，合格者寄回回执，投入标箱，原封保存，不合格者的标书退回。在招标截止日期后送来或邮寄来的投标文件，概不受理，原封退回。若是受到不可抗拒的原因而误期的，可酌情处理。投标书发出后，在投标截止日期前，允许投标单位以正式函件(密封)调整报价，或作附加说明。原投标文件中被修改或被说明的部分，以后者为准。这类函件与投标文件具有同等效力。

对大中型工程的招标，招标单位还要求投标单位将保函与投标文件一起投送。保函是由投标单位主管部门签署同意投标的保证书，以及有关银行出具的投标保证金(在招标文件中规定数额)，未中标者保证金如数退回。

(6)开标

招标单位应按招标文件所规定的时间、地点开标，开标应在各投标单位的代表及评标机构成员在场的情况下公开进行。

招标单位应按规定日期开标，不得随意变动开标日期。万一遇有特殊情况不能按期开标，需经上级主管部门批准，并要事先通知到各投标单位和有关各方，并告知延期举行时间。

开标程序一般如下。

①宣布评标原则与方法。

②请公证部门和招标办代表检查各投标单位投标文件的密封情况、收到时间及各投标单位代表的法人证书或授权书。

③按投标文件收到顺序或倒序由公证部门和招标单位当众启封投标文件及补充函件，公布各投标单位的报价、工期、质量等级、提供材料数量、投标保函金额及招标文件规定需当众公布的其他内容。

④请投标单位的法人代表或法人代表所委托的代理人核实公布的要素，并签字确认。

⑤当众宣布标底。

自发出招标文件到开标时间，由招标单位根据工程项目的大小和招标内容确定。一般定在投标截止日期后 5～15 天内进行，务须公开，并应有记录或录音。

开标前，招标单位必须把密封好的标底送交评委。是否在开标时公布标底，是否当场决定中标单位要根据招标、决标方式而定。

如果发生下述情况之一，即宣布为废标。

①投标文件（标函）密封不严，或密封有启动迹象。

②未加盖投标单位公章和负责人（法人）印章或法人代表委托的代理人的印章（或签名）。

③投标文件送达时间（或邮戳日期）超过规定投标截止日期。

④投标文件的格式、内容填写不符合规定要求，或者字迹有涂改或辨认不清。

⑤投标单位递交两份或两份以上内容不同的投标文件，未书面声明哪一份为有效。

⑥投标单位无故不参加开标会议。

⑦发现投标单位之间有串通作弊现象。

开标后，对投标书中有不清的问题，招标单位有权向投标者询问清楚。为保密起见，这种澄清也可个别地同投标者开澄清会。对所澄清和确认的问题，应记录在案，并采取书面方式经双方签字后，可作为投标文件的组成部分。但在澄清会谈中，投标单位提出的任何修正声明，更改报价、工期或附加什么优惠条件，一律不作为评标依据。

（7）评标

评标委员会投标文件逐一认真审查的评比的过程称为评标。

评标委员会由招标单位负责组织，邀请上级主管部门、建设银行、设计咨询单位的经验丰富的技术、经济、法律、管理等方面的专家，由总经济师负责评标过程的组织，本着公正原则，提出评标报告，推荐中标单位，供招标单位择优抉择，对评标过程和评标结果不得外泄。

评标、决标大体可分为初评、终评两个阶段。

①初评。初评阶段的主要任务是对各投标单位所提供的投标文件进行符合性审查，审查文件的内容是否与招标文件要求相符合，是否与招标文件的要求一致，以确定投标文件的合格

性，选出符合基本要求标准的合格投标文件。初评包括商务符合性审查和技术符合性审查两阶段。

商务符合性审查内容包括：投标单位是否按招标文件要求递交投标文件及按招标文件要求的格式填写；投标文件正、副文本是否完全按要求签署；有无授权文件；有无投标保函；有无投标人合法地位的证明文件；如为联营投标，有无符合招标文件的联营协议书或授权书；有无完整的已标价的工程量清单；对招标文件有无重大或实质性的修改及应在投标文件中写明的其他项目。

技术符合性审查包括：投标文件是否按要求提交各种技术文件和图纸、资料、施工规划或施工方案等，是否齐全；有无组织机构及人员配备资料；与招标文件中的图纸和技术要求说明是否一致。对于设备采购招标，投标文件的设备性能、参数是否符合文件要求；投标人提供的材料和设备能否满足招标文件要求。

在两项评审基础上，淘汰不合格的投标单位，挑选出合格者，进入终评。

②终评。对于初评合格的投标文件，可转入实质性的评审。实质性评审同样包括商务性评审和技术性评审两个阶段。

技术性评审主要对投标文件中的组织管理体系、施工组织方案、采取的主要措施、主要施工机械设备、现场的主要管理人员等进行具体、详细的审查与分析，是否合理、先进、科学、可靠等。

商务性评审是从成本、财务和经济分析等方面评定投标人报价的合理性及可靠性，它在评选中占有重要地位，在技术评审合格的投标人中评选出最终的中标者，商务评审常起决定作用。

招标单位应将评标结构的评标报告及推荐意见，于10日内报招标办审核。邀请公证部门参加的投标项目，在决标后，由公证人员对整个开标、评标、决标过程作出公证意见。

## 二、水利工程项目的投标

### (一)投标的概述

投标是指投标人按照招标人提出的要求和条件回应合同的主要条款,参加投标竞争的行为。

#### 1. 投标人

投标人是指响应招标、参加投标竞争的法人或其他组织,依法招标的科研项目允许个人参加投标。投标人应当具备承担招标项目的能力,有特殊规定的,投标人应当具备规定的资格。

#### 2. 投标文件的编制

投标人应当按照招标文件的要求编制投标文件,且投标文件应当对招标文件提出的实质性要求和条件做出响应。涉及中标项目分包的,投标人应当在投标文件中载明,以便在评审时了解分包情况,决定是否选中该投标人。

#### 3. 联合体投标

联合体投标是指两个以上的法人或其他组织共同组成一个非法人的联合体,以该联合体名义作为一个投标人,参加投标竞争。联合体各方均应当具备承担招标项目的相应能力,由同一专业的单位组成的联合体,按照资质等级较低的单位确定资质等级。

在联合体内部,各方应当签订共同投标协议,并将共同投标协议连同投标文件一并提交招标人。联合体中标后,应当由各方共同与招标人签订合同,就中标项目向招标人承担连带责任。招标人不得强制投标人联合共同投标,投标人之间的联合投标应出于自愿。

4. 禁止行为

投标人不得相互串通投标或与招标人串通投标;不得以行贿的手段谋取中标;不得以低于成本的报价竞标;不得以他人名义投标或其他方式弄虚作假,骗取中标。

### (二)投标过程

施工项目投标与招标一样,有其自身的运行规律与工作程序。参加投标的施工企业,在认真掌握招标信息、研究招标文件的基础上,根据招标文件的要求,在规定的期限内向招标单位递交投标文件,提出合理报价,以争取获胜中标,最终实现获取工程施工任务的目的。

1. 投标报价程序

水利工程项目的投标工作程序可用图 8-1 所示的流程图予以表示,参照本流程,施工投标工程程序主要有以下步骤。

(1)根据招标公告或招标人的邀请,筛选投标的有关项目,选择适合本企业承包的工程参加投标。

(2)向招标人提交资格预审申请书,并附上本企业营业执照及承包工程资格证明文件、企业简介、技术人员状况、历年施工业绩、施工机械装备等情况。

(3)经招标人投标资格审查合格后,向招标人购买招标文件及资料,并交付一定的投标保证金。

(4)研究招标文件合同要求、技术规范和图纸,了解合同特点和设计要点,制字出初步施工方案,提出考察现场提纲和准备向招标人提出的疑问。

(5)参加招标人召开的标前会议,认真考察现场、提出问题、倾听招标人解答各单位的疑问。

(6)在认真考察现场及调查研究的基础上,修改原有施工方案,落实和制定出切实可行的施工组织设计方案。在工程所在地材料单价、运输条件、运距长短的基础上编制出确切的材料单价，然后计算和确定标价，填好合同文件所规定的各种表函，盖好印鉴密封，在规定的时间内送达招标人。

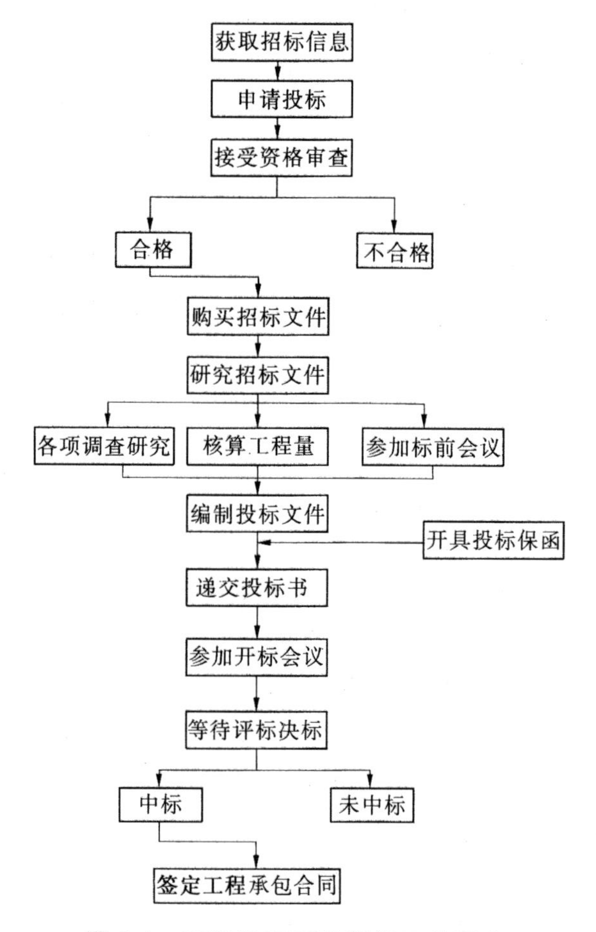


**图 8-1　工程施工项目投标工作程序**

(7)参加招标人召开的开标会议，提供招标人要求补充的资料或回答须进一步澄清的问题。

(8)如果中标，与招标人一起依据招标文件规定的时间签定承包合同，并送上银行履约保函；如果不中标，及时总结经验和教训，按时撤回投标保证金。

2. 投标资格

根据《中华人民共和国招标投标法》第二十六条的规定，投标人应当具备承担招标项目的能力，企业资质必须符合国家或招标文件对投标人资格方面的要求，当企业资格不符合要求时，不得允许参加施工项目投标活动，如果采用联合体的投标人，其资质按联合体中资质最低的一个企业的资质，作为联合体的资质进行审核。

根据建筑市场准入制度的有关规定，在异地参加投标活动的施工企业，除需要满足上述条件外，投标前还需要到工程所在地政府建设行政主管部门，进行市场准入注册，获得行政许可，未能获准建设行政主管部门注册的施工企业，仍然不能够参加工程施工投标活动。特别是国际工程，注册是投标必不可缺的手续。

资格预审是承包商投标活动的前奏，与投标一样存在着竞争。除认真按照业主要求，编送有关文件外，还要开展必要的宣传活动，争取资格审查获得通过。

在已有获得项目的地域，业主更多地注重承包商在建工程的进展和质量。为此，要获得业主信任，应当很好地完成在建工程。一旦在建工程搞好了，通过投标的资格审查就没多大问题。在新进入的地域，为了争取通过资格审查，应派人专程报送资格审查文件，并开展宣传、联络活动。主持资格审查的可能是业主指定的业务部门，也可能是委托咨询公司。如果主持资格审查的部门对新承包商缺乏了解，或抱有某种成见，资格审查人员可能对承包商提问得很挑剔，有些竞争对手也可能通过关系施加影响，散布谣言，破坏新来的承包商的名誉。所以，承包商的代表要主动了解资格审查进展情况，向有关部门、人员说明情况，并提供进一步资料，以便取得主持资格审查人员的信任。必要时还要通过驻外人员或别的渠道介绍本公司的实力和信誉。在竞争激烈的地域，只靠寄送资料，不开展必要活动，就可能受到挫折。有的公司为了在一个新开拓地区获得承建一项大型工程,不惜出资邀请有关当局前来我国参观本公司已建项目,了解公司情况,取得了良好效果。有的国家主管建设的当局,得知我国在其邻国成功地完成援建或承包工程,常主动邀请我国参加他们的工程项目投标。这都说明扩大宣传的必要性。

3. 投标机构

进行施工项目投标,需要成立专门的投标机构,设置固定的人员,对投标活动的全部过程进行组织与管理。实践证明,建立强有力的,管理、金融与技术经验丰富的,专家组成的投标组织是投标获取成功的有力保证。

为了掌握市场和竞争对手的基本情况,以便在投标中取胜,中标获得项目施工任务,平时要注意了解市场的信息和动态,收集竞争企业与有关投标的信息,积累相关资料。遇有招标项目时,对招标项目进行分析,研究有无参加价值;对于确定参加投标的项目,则应研究投标和报价编制策略,在认真分析历次投标中失败的教训和经验的基础上,编制标书,争取中标。

投标机构主要由以下人员组成。

(1)经理或业务副经理作为投标负责人和决策人,其职责是决定最终是否参加投标及参加投标项目的报价金额。

(2)建造工程师的职责是编制施工组织设计方案、技术措施及技术问题。

(3)造价工程师负责编制施工预算及投标报价工作。

(4)机械管理工程师要根据本投标项目工程特点,选型配套组织本项目施工设备。

(5)材料供应人员要了解、提供当地材料供应及运输能力情况。

(6)财务部门人员提供企业工资、管理费、利润等有关成本资料。

(7)生产技术部门人员负责安排施工作业计划等。

建设市场竞争越来越激烈，为了最大限度地争取投标的成功，对于参与投标的人员也提出了更高的要求。要求有丰富经验的建造师和设计师，还要求有精通业务的经济师和熟悉物资供应的人员。这些人员应熟悉各类招标文件和合同条件；如果是国际投标，则这些人员最好具有较高的外语水平。

4. 投标报价

投标报价是潜在承包商投标时报出的工程承包价格。招标人常常将投标人的报价作为选择中标者的主要依据，同时报价也是投标文件中最重要的内容，是影响投标人中标与否的关键所在和中标后承包商利润大小的主要指标。报价过低虽然容易中标，但中标后容易给承包商造成亏损的风险；报价过高对于投标人又存在失标的危险。因此，报价过高与过低都不可取，如何做出合适的投标报价，是投标人能否中标的关键。

(1)现场考察

从购买招标文件到完成标书这一期间，投标人为投标而做的工作可统称为编标报价。在这个过程中，投标工作组首先应当充分、仔细地研究招标文件。招标文件规定了承包人的职责和权利及对工程的各项要求，投标人必须高度重视。积极参加招标人组织的现场考察活动，是投标过程中一个非常重要的环节，其作用有两大方面：一是如果投标人不参加由招标人安排的正式现场考察，可能会被拒绝投标；二是通过参加现场考察活动的机会，可以了解工程所在地的政治局势（对国际工程而言）与社会治安状态，工程地质地貌和气象条件，工程施工条件（交通、供电供水、通信、劳动力供应、施工用地等），经济环境以及其他方面同施工相关的问题。当现场考察结束后，应当抓紧时间整理在现场考察中收集到的材料，把现场考察和研究招标文件中存在的疑问整理成书面文件，以便在标前会议上，请招标人给予解释和明释。

按照国际、国内规定，投标人提出的报价，一般被认为是在现场考察的基础上编制的:一旦标书交出,若在投标日期截止后发现问题,投标人就无法因现场考察不周,情况不了解而提出修改标书,或调整标价给予补偿的要求。另外,编制标书需要的许多数据和情况,也要从现场调查中得出。因此,投标人在报价以前,必须认真地进行工程现场考察,全面、细致地了解工地及其周围的政治、经济、地理、法律等情况。若考察时间不够,参加编标人员在标前会结束后,一定要再留下几天,再到现场查看一遍,或重点补充考察,并在当地作材料、物资等调查研究,仔细收集编标的资料。

(2)标前会议

标前会议也称投标预备会,是招标人给所有投标人提供的一次答疑的机会,有利于投标人加深对招标文件的理解、了解施工现场和准确认识工程项目施工任务。凡是想参加投标并希望获得成功的投标人,都应认真准备和积极参加标前会议。投标人参加标前会议时应注意以下几点。

①对工程内容、范围不清的问题,应提请解释、说明,但不要提出任何修改设计方案的要求。

②若招标文件中的图纸、技术规范存在相互矛盾之处,可请求说明以何者为准,但不要轻易提出修改的要求。

③对含糊不清、容易产生理解上歧义的合同条款,可以请求给予澄清、解释,但不要提出任何改变合同条件的要求。

④应注意提问的技巧,注意不使竞争对手从自己的提问中,获悉本公司的投标设想和施工方案。

⑤招标人或咨询工程师在标前会议上,对所有问题的答复均应发出书面文件,并作为招标文件的组成部分。投标人不能仅凭口头答复来编制自己的投标文件。

(3)投标报价的组成及计算

投标总报价的费用组成由招标文件规定,通常由以下几部分组成。

①主体工程费用。

主体工程费用包括由承包人承担的直接工程费、间接费、其他费用、税金等全部费用和要求获得的利润，可采用定额法或实物量法进行分析计算。

主体工程费用中的其他费用，主要指不单独列项的临时工程费用、承包人应承担的各种风险费用等。直接工程费、间接费、税金和利润的内容，与概预算编制的费用组成相同。

在计算主体工程费用时，若采用定额法计算单价，人、材、机的消耗量，可在行业有关定额基础上结合企业情况进行调整，以使投标价具有竞争力，或直接采用本企业自己的定额。人工单价可参照现行概预算编制办法规定的人工费组成，结合本企业的具体情况和建设市场竞争情况进行确定。计算材料、设备价格时，如果属于业主供应部分，则按业主提供的价格计算，其余材料应按市场调查的实际价格计算。其他直接费、间接费、施工利润等，要根据投标工程的类别和地区及合同要求，结合本单位的实际情况，参考现行有关概(估)算费用构成及计算办法的有关规定计算。

②临时工程费用。

临时工程费用计算一般有三种情况：

第一种情况，工程量清单中列出了临时工程量。此时，临时工程费用的计算方法同主体工程费用的计算方法。

第二种情况，工程量清单中列出了临时工程项目，但未列具体工程量，要求总价承包。此时，投标人应根据施工组织设计估算工程量，计算该费用。

第三种情况，分项工程量清单中未列临时工程项目。此时，投标人应将临时工程费用摊入主体工程费用中，其分摊方法与标底编制中分摊临时工程费用的方法相同。

③保险种类及金额。

招标文件中的《合同条款》和《技术条款》，一般都对项目保险种类及金额作出了具体规定。

a. 工程险和第三者责任险。若合同规定由承包人负责投保工程险和第三者责任险，承包人应按《合同条款》的规定和《工程量清单》所列项目专项列报。若合同规定由发包人负责投保工程险和第三者责任险，则承包人不需列报。

b. 施工设备险和人身意外伤害险。通常都由承包人负责投保，发包人不另行支付。前者保险费用计入施工设备运行费用内，后者保险费用摊入各项目的人工费内。

投标人投标时，工程险的保险金额可暂按工程量清单中各项目的合计金额（不包括备用金以及工程险和第三者责任险的保险费）加上附加费计算，其保险费按保险公司的保险费率进行计算。第三者责任险的保险金额，则按招标文件的工程量清单中规定的投保金额（或投标人自己确定的金额）计算，其保险费按保险公司的保险费率进行计算。上述两项保险费分别填写在工程量清单中该两项各自的合价栏内。

④中标服务费。

当采用代理招标时，招标人支付给招标代理机构的费用，可以采用中标服务费名义列在投标报价汇总表中。中标服务费按招标项目的报价总金额乘以规定的费率进行计算。

⑤备用金。

备用金指用于签订协议书时，尚未确定或不可预见项目的备用金额。备用金额由发包人在招标文件《工程量清单》中列出，投标人在计算投标总报价时不得调整。

## 第二节　水利工程项目的投标决策与技巧研究

投标方要想在投标过程中顺利成为中标方，就必须在投标过程中体现投标方的优势。把握好投标过程中的技巧和决策是关系到一项水利工程项目投标的成败，对投标决策与技巧的研究不仅可以提高投标方的成功概率，而且在不断总结经验的基础上为以后的水利工程项目的投标做好更多的准备。

## 一、投标方的工程估价

投标报价是投标单位根据招标文件及有关的计算工程造价的依据，计算出投标价格，并在此基础上采取一定的投标策略，为争取到投标项目提出的有竞争力的投标报价。

### （一）投标方工程估价的基本原理

投标方工程估价的基本原理与工程预算大体相同，不同之处在于投标人是以投标价格参与竞争的，应贯穿企业自主报价的原则。

1. 计价方法

可以采用定额计价方法或者工程量清单计价方法。

2. 编制方法

投标方工程估价的编制方法取决于招标文件的规定。

3. 合同形式

常见的合同形式有总价合同、单价合同、成本加酬金合同。

当拟建工程采用总价合同形式的时候，投标人应该按照规定对整个工程涉及的工作内容做出总报价；当拟建工程采用单价合同形式的时候，投标人应该按照规定对每个分项工程报出综合单价。投标人首先计算出每个分项工程的直接工程费，随后再分摊一定比例的间接费、利润，形成综合单价。工程的措施费单列，作为竞争的条件之一，规费和税金不参与竞争。

### （二）投标价格的编制方法

投标价格的编制要满足招标文件的要求。

### 1. 人工费的估算

分项工程的人工费由完成该分项工程所需要的人工消耗量标准及相应的人工工日单价两个因素决定。

分项工程人工费＝(分项工程的工程量×人工消耗量标准)×人工工日单价

### 2. 材料费的估算

分项工程的材料费由完成该分项工程所需要的各种材料消耗量标准及相应的材料价格两个因素决定。

分项工程材料费＝(分项工程的工程量×材料消耗量标准)×材料价格

### 3. 机械费的估算

分项工程的机械费由完成该分项工程所需要的各种机械台班消耗量标准及相应的机械台班使用费决定。

分项工程机械费＝(分项工程的工程量×机械台班消耗量标准)×机械台班使用费

在实物法中,分项工程直接工程费由以下公式表示:

分项工程人工费＋分项工程材料费＋分项工程机械费＝分项工程直接工程费

### 4. 分包费用的估算

投标人可能会将工程量清单中的某些分项工程分包给其他施工企业,其分包费用可通过向分包商询价,或者根据过去分包的经验数据来确定分包直接费。

在报价的时候,投标人还应该在分包直接费的基础上考虑加上一定比例的总包管理费用。

### 5. 其他费用的估算

(1)措施费的估算

措施费属于竞争性费用，投标人可根据本企业的技术水平和管理水平，进行合理估算与报价。

(2)企业管理费的估算

企业管理费＝每个分项工程的直接费×分摊系数

分摊系数＝∑管理费/∑每个分项工程的直接费

(3)风险费的估算

风险费一般是根据公司的经验数据，确定一个适当的百分比，随后以每个分项工程的直接费加间接费作为基础计算确定每个分项工程的分摊额；也可以按费用项目的具体内容，逐项估算所需发生的费用，最后合计出公司风险费。后者费用也要分摊到每个分项工程费用中去。

风险费分摊额＝分项工程的(直接费＋间接费)×分摊系数

分摊系数＝∑风险费/∑(直接费＋间接费)

(4)利润的估算

利润率由企业根据经验和对项目利润的期望值估计。

利润＝分项工程的(直接费＋间接费)×利润率

6. 税金的估算

以上所述的费用之和为基础，按照税法的有关规定进行计算。以不含税的工程造价为计算基础乘综合税率计算。

税金＝不含税工程造价×综合税率

计算出各分项工程的直接费及其他各项费用之后，将该分项工程的总报价除以该分项工程的工程量即可得到该分项工程的综合单价。

因此，是先有合价，再计算出综合单价。

## 二、投标决策

在激烈竞争的环境下，投标人为了企业的生存与发展，采用的投标决策被称为报价策略。能否恰当地运用报价策略，对投标人能否中标或中标后完成该项目能否获得较高利润，影响极大。在工程施工投标中，常用的报价策略大致有如下几种。

### （一）以获得较大利润为投标策略

施工企业的经营业务近期比较饱和，该企业施工设备和施工水平又较高，而投标的项目施工难度较大、工期短、竞争对手少，非我莫属。在这种情况下所投标的报价，可以比一般市场价格高一些并获得较大利润。

### （二）以保本或微利为投标策略

施工企业的经营业务近期不饱满，或预测市场将要开工的工程项目较少，为防止窝工，投标策略往往是多抓几个项目，标价以微利、保本为主。

要确定一个低而适度的报价，首先要编制出先进合理的施工方案。在此基础上计算出能够确保合同工期要求和质量标准的最低预算成本。降低项目预算成本要从降低直接费、现场经费和间接费着手，其具体做法和技巧如下。

#### 1. 发挥本施工企业优势，降低成本

每个施工企业都有自身的长处和优势。如果发挥这些优势来降低成本，从而降低报价，这种优势才会在投标竞争中起到实质作用，即把企业优势转化为价值形态。

一个施工企业的优势，一般可以从下列几个方面来表示。

（1）职工素质高：技术人员云集，施工经验丰富，工人技术水平高、劳动态度好，工作效率高。

（2）技术装备强：本企业设备新，性能先进，成套齐全，使用效率高，运转劳务费低，耗油低。

（3）材料供应：有一定的周转材料，有稳定的来源渠道，价格合理，运输方便，运距短，费用低。

（4）施工技术设计：施工人员经验丰富，提出了先进的施工

组织设计，方案切实可行，组织合理，经济效益好。

(5)管理体制：劳动组合精干，管理机构精练，管理费开支低。

当投标人具有某些优势时，在计算报价的过程中，就不必照搬统一的工程预算定额和费率，而是结合本企业实际情况将优势转化为较低的报价。另外，投标人可以利用优势降低成本，进而降低报价，发挥优势报价。

2. 运用其他方法降低预算成本

有些投标人采用预算定额不变，而利用适当降低现场经费、间接费和利润的策略，降低标价，争取中标。

### (三)以最大限度的低报价为投标策略

有些施工企业为了参加市场竞争，打入其他新的地区、开辟新的业务，并想在这个地区占据一定的位置，往往在第一次参加投标时，用最大限度的低报价、保本价、无利润价甚至亏5%的报价，进行投标。中标后在施工中充分发挥本企业专长，在质量上、工期上(出乎业主估计的短工期)取胜，创优质工程、创立新的信誉，缩短工期，使业主早得益。自己取得立足，同时取得业主的信任和同情，以提前奖的形式给予补助，使总价不亏本。

## 三、投标技巧

### (一)不平衡报价法

不平衡报价法是拟建工程采用单价合同形式时经常使用的投标报价策略。

不平衡报价法是指一个工程项目的投标报价，在总价基本确定后，通过调整内部各个项目的报价，达到既不提高总价，又不影响中标，而能在结算的时候得到最理想的经济效益的一种报价方法。

此法一定要建立在工程量表中工程量仔细核对的基础上，特别是对报低单价的项目，如工程量一旦增多将造成承包商重大损失。同时对报高单价的项目，一定要控制在合理幅度内（一般在10%左右），以免引起业主反感，导致废标。

不平衡报价法的报价技巧如表8-1所示。

**表8-1　不平衡报价法**

| 序号 | 信息类型 | 变动趋势 | 不平衡结果 |
| --- | --- | --- | --- |
| 1 | 资金收入的时间 | 早 | 单价高 |
| | | 晚 | 单价低 |
| 2 | 工程量估算不准确 | 增加 | 单价高 |
| | | 减少 | 单价低 |
| 3 | 报价图纸不明确 | 增加工程量 | 单价高 |
| | | 减少工程量或者说不清楚 | 单价低 |
| 4 | 暂定工程 | 自己承包的可能性高 | 单价高 |
| | | 自己承包的可能性低 | 单价低 |
| 5 | 单价和包干混合制的项目 | 固定包干价格项目 | 单价高 |
| | | 单价项目 | 单价低 |
| 6 | 单价组成分析表（其他项目费） | 人工费和机械费 | 单价高 |
| | | 材料费 | 单价低 |
| 7 | 议标时业主要求压低单价 | 工程量大的项目 | 单价小幅度降低 |
| | | 工程量小的项目 | 单价大幅度降低 |
| 8 | 报单价的项目 | 没有工程量 | 单价高 |
| | | 有假定的工程量 | 单价适中 |
| 9 | 设备安装 | 特殊设备、材料 | 主材单价高 |
| | | 常见设备、基础 | 主材单价低 |
| 10 | 分包项目 | 自己发包 | 单价高 |
| | | 业主指定分包 | 单价低 |
| 11 | 另行发包项目 | 配合人工、机械费 | 单价高、工程量放大 |
| | | 配合用材料 | 有意漏报 |

### (二)先亏后盈法

对于大型分期建设的工程，在第一期工程投标时，可以将部分间接费分摊到第二期工程中去，少计算利润以争取中标。这样在第二期工程投标时，凭借第一期工程的经验、临时设施以及创立的信誉，比较容易拿到第二期工程。

但第二期工程遥遥无期时，则不可以这样考虑。

### (三)突然降价法

报价是一件保密的工作，但是对手往往会通过各种渠道、手段来刺探情报，因此用突然降价法可以在报价时迷惑竞争对手。即先按一般情况报价或表现出自己对该工程兴趣不大，到快要投标截止时，才突然降价，为最后中标打下基础。

注意：一定要在准备投标报价的过程中考虑好降价的幅度，临近截止日期，再根据信息情报作最后决策。若中标，因开标只降总价，签定合同后可采用不平衡报价思路调整单价，以取得更高收益。

### (四)多方案报价法

当工程范围不很明确、条款不清楚或很不公正，或技术规范要求过于苛刻时，要在充分估计投标风险的基础上，先按原招标文件报一个价，再提出若某条款作某些变动，报价可适当降低，以吸引招标人。

### (五)许诺优惠条件

投标报价附带优惠条件是行之有效的一种手段。招标人评标时，除主要考虑报价和技术方案外，还要分析别的条件，如工期、支付条件等。所以，在投标时主动提出提前竣工、低息贷款、赠给施工设备、免费转让新技术或某种技术专利、免费技术协作、代为培训人员等，均是吸引招标人、利于中标的辅助手段。

### （六）分包商报价的采用

总承包商在投标前先取得分包商的报价，并增加总承包商摊入的一定管理费作为投标总价的一部分。故可在投标前找2～3家分包商分别报价，而后选择其中一家信誉较好、实力较强和报价合理的分包商签订协议，同意其为唯一分包商，并将其列入投标文件，但要求分包商提交投标保函。

### （七）增加建议方案法

有些招标文件允许提一个建议方案，即可修改原设计方案，降低总造价或是缩短工期，或是工程运用更为合理，提出投标者的方案，投标人应组织有关人员仔细研究原招标文件的设计和施工方案，提出更为合理的方案以吸引业主。但要注意对原招标方案一定要报价。

# 参考文献


[1]司兆乐.水利水电枢纽施工技术.北京:中国水利水电出版社,2001.

[2]张正宇,等.现代水利水电工程爆破.北京:中国水利水电出版社,2003.

[3]顾志刚,等.水利水电工程施工技术创新实践.北京:中国电力出版社,2010.

[4]王英华.水工建筑物.北京:中国水利水电出版社,2004.

[5]毛建平.水利水电工程施工.郑州:黄河水利出版社,2004.

[6]朱学敏.起重机械.北京:机械工业出版社,2003.

[7]高钟璞.大坝基础防渗墙.北京:中国电力出版社,2000.

[8]董邑宁,彭晓兰,单长河.水利工程施工技术与组织.北京:中国水利水电出版社,2010.

[9]魏璇.水利水电工程施工组织设计指南.北京:中国水利水电出版社,1999.

[10]邓学才.施工组织设计的编制与实施.北京:中国建材工业出版社,2000.

[11]武长玉.水利工程施工组织设计与施工项目管理实务全书.北京:当代中国音像出版社,2004.

[12]张玉福,梁建林.水利工程施工组织与管理.郑州:黄河水利出版社,2009.

[13]牛运光.土坝安全与加固.北京:中国水利水电出版社,

1998.

[14]黄士苓,等.水利工程造价.北京:中国计划出版社,2002.

[15]黄森开.水利水电工程施工组织与工程造价.北京:中国水利水电出版社,2003.

[16]黄森开.水利工程施工组织及预算.北京:中国水利水电出版社,2002.

[17]毛小玲,郭晓霞.建筑工程项目管理技术问答.北京:中国电力出版社,2004.

[18]李开运.建设项目合同管理.北京:中国水利水电出版社,2001.

[19]钟汉华.水利工程施工与概预算.北京:中国水利水电出版社,2003.

[20]钟汉华.水利水电工程造价.北京:科学出版社,2004.

[21]钟汉华.工程建设监理.郑州:黄河水利出版社,2005.

[22]钟汉华,冷涛.水利水电工程施工技术.北京:中国水利水电出版社,2004.

[23]俞振凯.水利水电工程管理与实务.北京:中国水利水电出版社,2004.

[24]王武齐.建筑工程计量与计价.北京:中国建筑工业出版社,2007.

[25] 张守金,康百赢.水利水电工程施工组织设计.北京:中国水利水电出版社,2008.

[26]薛振清.水利工程项目施工组织与管理.徐州:中国矿业大学出版社,2008.

[27]张若美.施工人员专业知识与务实.北京:中国环境科学出版社,2007.

[28]冷爱国,何俊.城市水利施工组织与造价.郑州:黄河水利出版社,2008.

[29]《中国水力发电工程》编审委员会.中国水力发电工程.

施工卷.北京:中国电力出版社,2000.

[30]中华人民共和国电力行业标准.水工建筑物水泥灌浆施工技术规范(DL/T 5148-2001).北京:中国电力出版社,2001.

[31]水利部人事劳动教育司.水利概论.南京:河海大学出版社,2002.

[32]水利部国际合作与科技司.工程建设标准强制性条文.北京:中国水利水电出版社,2001.

[33]全国一级建造师执业资格考试用书编写委员会.建设工程项目管理.北京:中国建筑工业出版社,2007.